Keith Devlin

Der Mathe-Instinkt

Warum Sie ein Mathe-Genie sind und Ihr Hund und Ihre
Katze auch

Aus dem Englischen von Dietmar Zimmer

Klett-Cotta

Klett-Cotta
Die Originalausgabe erschien unter dem Titel
»The Math Instinct. Why You're a Mathematical Genius
(Along with Lobsters, Birds, Cats, and Dogs)«
im Verlag Thunder's Mouth Press, New York
(Imprint of Avalon Publishing Group)
© 2005 by Keith Devlin
Für die deutsche Ausgabe
© J. G. Cotta'sche Buchhandlung Nachfolger GmbH, gegr. 1659,
Stuttgart 2005
Alle Rechte vorbehalten
Fotomechanische Wiedergabe nur mit Genehmigung des Verlags
Printed in Germany
Schutzumschlag: Finken & Bumiller, Stuttgart
Unter Verwendung eines Fotos von getty images / © Tim Flach
Gesetzt aus der Scala von Offizin Wissenbach, Höchberg bei Würzburg
Auf säure- und holzfreiem Werkdruckpapier gedruckt
und gebunden von Clausen & Bosse, Leck
ISBN 3-608-94120-7

Bibliographische Information Der Deutschen Bibliothek
Die Deutsche Bibliothek verzeichnet diese Publikation in der
Deutschen Nationalbibliographie; detaillierte bibliographische
Daten sind im Internet über <http://dnb.ddb.de> abrufbar.

Inhalt

1 Was im Kopf von Säuglingen vorgeht

Im Jahre 1992 verkündete eine amerikanische Wissenschaftlerin namens Karen Wynn ein Forschungsergebnis, das Kinderpsychologen in aller Welt verblüffte. Wynn behauptete, herausgefunden zu haben, daß Babys von nur vier Monaten bereits in der Lage seien, einfache Additions- und Subtraktionsaufgaben zu lösen. Und in der Tat zeigten in der Folge andere Wissenschaftler, daß Babys sogar schon im Alter von nur zwei Tagen zu diesen Leistungen in der Lage sind!

Wie hatte Wynn das herausgefunden? Schließlich können vier Monate alte Babys noch nicht sprechen. Wie wollen wir also herausfinden, ob sie wissen, daß 1 + 1 = 2 ist, um nur eines der Beispiele zu nennen, von denen Wynn behauptete, ihre jungen Probanden seien dazu fähig. Und wie gelang es Wynn, diese Frage so zu stellen, daß die Kinder sie verstehen konnten?

Bevor ich Ihnen erzähle, wie sie das angestellt hat, sollte ich vielleicht erst einmal deutlich machen, was Wynn eigentlich genau behauptete.

Sie behauptete nicht, ihre kleinen Versuchspersonen hätten irgendein bewußtes Konzept von Zahlen. Wie alle Eltern wissen, muß man die Kardinalzahlen, die man zum Zählen benutzt (also 1, 2, 3 usw.), Kindern erst einmal beibringen. Und bevor das überhaupt möglich ist, müssen die Kinder sprechen lernen, was bei einem vier Monate alten Baby noch nicht zu erwarten ist. Wynn behauptete vielmehr folgendes:

1. Die Kinder, die sie untersuchte, kannten den Unterschied zwischen einem einzelnen Objekt, zwei Objekten und einer Menge von mehr als zwei Objekten.
2. Sie wußten: Wenn man zwei einzelne Objekte nimmt und sie zusammenbringt, besteht die sich daraus ergebende Menge aus genau zwei Gegenständen, nicht aus einem und nicht aus dreien.
3. Sie wußten auch: Wenn man von zwei Objekten eines wegnimmt, bleibt genau eines übrig. Man hat dann nicht zwei oder keines mehr.

Ein Erwachsener würde diese Fähigkeiten normalerweise so beschreiben:

1. Die Kinder kannten bereits den Unterschied zwischen den Zahlen 1 und 2 und den Unterschied zwischen 2 und jeder größeren Zahl.
2. Sie wußten, daß 1 + 1 = 2 und nicht gleich 1 oder 3 ist.
3. Sie wußten, daß 2 − 1 = 1 und nicht gleich 0 oder 2 ist.

Um die Ergebnisse auf diese Weise zu formulieren, benötigt man natürlich ein Zahlenverständnis; zumindest muß man die Zahlen 0, 1, 2 und 3 kennen. Nun weisen alle Erkenntnisse, die wir über den Umgang des menschlichen Gehirns mit Zahlen haben, darauf hin, daß unsere Fähigkeit, mit *Zahlen* umzugehen, sich erst entwickelt, nachdem wir die *Begriffe (für die Zahlen)* »Eins«, »Zwei«, »Drei« usw. gelernt haben.

Tatsächlich zeigen Arbeiten mit Schimpansen und anderen Primaten, daß das Erlernen der Zahlen*symbole* »1«, »2«, »3« usw. in dieser Beziehung ganz genauso erfolgt. Entscheidend ist, daß für den Erwerb des *Konzepts* »Zahl« zunächst das Erlernen eines Begriffs oder eines Symbols erforderlich zu sein scheint.

Genaugenommen bezog sich Wynns Behauptung damit eher auf die *Anzahl* als auf Zahlen, also auf einen *Sinn* für die Größe einer Menge. Eigentlich wollte sie sagen, daß sehr junge Kinder bereits eine zuverlässige Vorstellung von der Größe kleiner Mengen von Objekten haben. Aber das tat dem Überraschungseffekt über Wynns Mitteilungen keinen Abbruch. Schließlich wußte ja jeder, daß vier Monate alte Babys noch keine Zahlwörter kennen. Die meisten Experten waren bisher davon ausgegangen, daß sich der Sinn für eine Anzahl von Dingen erst entwickelt, *nachdem* das Kind zählen gelernt hat. Und Wynn behauptete nun, der Sinn für die Anzahl komme zuerst. Das bedeutete, daß wir entweder mit einem solchen Sinn geboren werden oder ihn zumindest während der ersten Lebenswochen automatisch erwerben. Wie wir noch sehen werden, zeigten spätere Untersuchungen, daß wir einen solchen Sinn, wenn wir nicht sogar mit ihm auf die Welt kommen, nicht innerhalb weniger Wochen, sondern sogar innerhalb der ersten *Tage* nach der Geburt erwerben.

Und so kam Wynn zu ihren Erkenntnissen: Ihr Trick bestand darin, sich die Erkenntnis zunutze zu machen, daß selbst Neugeborene bereits ein ziemlich genaues Gefühl dafür haben, »wie die Welt funktioniert«. Wenn ein Baby etwas sieht, das seinen Erwartungen widerspricht, wird es neugierig und versucht anscheinend zu verstehen, was es da gerade sieht. Wenn man den Säugling filmt – insbesondere seine Augen –, während er verschiedene Szenen betrachtet, und dann die Zeit mißt, mit der er sich jeder einzelnen Szene zuwendet, kann man daraus ableiten, was den Erwartungen der kleinen Versuchsperson entspricht und was ihnen entgegenläuft. Wenn man einem Baby zum Beispiel zuerst mehrere Früchte auf einem Teller zeigt und dann einen Apfel, der, an einem dünnen, praktisch unsichtbaren Faden aufgehängt, anscheinend frei in der Luft schwebt, wird es meßbar länger diesen Apfel anschauen als die anderen Früchte auf dem Teller.

Wynn setzte nun ihre kleinen Testpersonen vor ein Puppentheater und die verborgene Kamera in Gang (siehe Abb. 1.1). Die Bühne des Theaters war zu Beginn leer. Dann erschien von einer

Seite die Hand des Versuchsleiters mit einer ersten Puppe, die auf der Bühne plaziert wurde. Ein Schirm senkte sich und verbarg die Puppe. Wieder erschien die Hand des Experimentators mit einer zweiten Puppe, die ebenfalls hinter dem Schirm verschwand. Schließlich wurde der Schirm entfernt, und zu sehen waren – zwei Puppen. Diese Szene verfolgten die Kinder aufmerksam.

Wynn wiederholte diese Prozedur mehrere Male hintereinander. Einige Male jedoch war, nachdem der Schirm entfernt wurde, nur noch eine Puppe auf der Bühne zu sehen. Bei anderen Wiederholungen waren es drei. (Natürlich hatte dabei der Experimentator hinter dem Schirm seine Hand im Spiel, was das

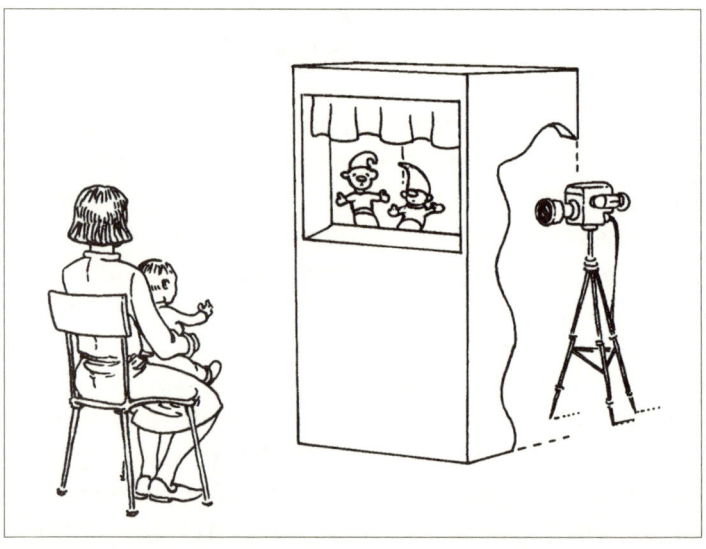

Abbildung 1.1: *Bei ihrem berühmten Experiment spielte die Psychologin Karen Wynn 1992 kleinen Kindern richtige und falsche Rechnungen in Form eines Puppentheaters vor. Durch eine Messung der Reaktionen der Kinder, die sich in ihrer Mimik widerspiegelten, konnten die Wissenschaftler prüfen, ob die Testpersonen den Unterschied zwischen richtigen und falschen Rechnungen erkannten.*

Baby aber nicht sehen konnte.) Jedesmal, wenn nur eine oder drei Puppen zu sehen waren, schaute das Baby länger hin als bei den zu erwartenden zwei. Das Baby hatte zwei Puppen nacheinander hinter den Schirm verschwinden sehen, und es erwartete ganz offensichtlich, auch wieder zwei dahinter zu sehen. Wenn das Ergebnis dieser Erwartung nicht entsprach, reagierte das Kind verwirrt. Durchschnittlich schauten alle Kinder eine volle Sekunde länger auf eine Szenerie mit einer unerwarteten Anzahl Puppen. Mit anderen Worten, die Babys »wußten«, daß $1 + 1 = 2$ sein muß und die Gleichungen $1 + 1 = 1$ und $1 + 1 = 3$ beide falsch sind. Ähnliche Experimente zeigten, daß die Babys ebenso wußten, daß $1 + 2 = 3$ richtig ist.

Wynn erzielte ähnliche Ergebnisse, wenn sie die Versuchsanordnung etwas veränderte, um das Subtraktionsvermögen von Babys zu untersuchen. Beispielsweise sahen die Kinder zu Beginn zwei Puppen auf der Bühne. Dann verbarg der Schirm die beiden, die Hand des Experimentators erschien und nahm eine Puppe von der Bühne. Der Schirm wurde entfernt, und es waren – je nach Versuch – nun keine, eine oder zwei Puppen zu sehen. Wenn keine oder zwei zu sehen waren, schauten die Kinder bis zu drei Sekunden länger hin als bei nur einer. Auch diesmal »wußten« sie, daß $2 - 1 = 1$ ist und die Gleichungen $2 - 1 = 0$ und $2 - 1 = 2$ beide falsch sind. Und sie wußten auch, daß $3 - 1 = 2$ und $3 - 2 = 1$ richtig sind.

Wie bereits erwähnt, war die Aufregung in der psychologischen Fachwelt groß, und viele andere – skeptische – Forscher in aller Welt tüftelten Varianten von Wynns Versuchsanordnung aus, um zu prüfen, ob ihre Schlußfolgerungen korrekt waren. Insbesondere wollten sie überprüfen, ob Wynn tatsächlich zu Recht schlußfolgerte, die längere Betrachtungszeit bei den arithmetisch nicht korrekten Versuchen habe etwas mit einem Sinn für die Anzahl zu tun und nicht mit irgendeiner anderen Ursache.

Es wäre ja zum Beispiel möglich gewesen, daß nicht die Anzahl der Objekte die unterschiedlichen Reaktionszeiten verursacht hatte, sondern eine besondere Eigenschaft ihrer räumlichen Anordnung. Um diese spezielle Ursache auszuschließen, wiederholte der französische Psychologe Etienne Koechlin das Experiment. Diesmal allerdings standen die Puppen nicht still auf der Bühne, sondern befanden sich auf einer langsam rotierenden Scheibe. Die andauernde Bewegung der Puppen auf dieser Drehbühne hatte zur Folge, daß das Kind keinen ständig gleichen Blickwinkel auf die Szenerie hatte und somit auch nicht die Anordnung der Objekte gerade dann, wenn sich der Schirm hob, vorhersehen konnte. Koechlin erhielt die gleichen Ergebnisse wie Wynn. Die Babys schauten länger hin, wenn man ihnen ein arithmetisch inkorrektes Ergebnis präsentierte, als wenn das Ergebnis korrekt war. Koechlins Experiment räumte den Einwand aus, die Kinder könnten vielleicht eher auf die räumliche Anordnung der Figuren als auf ihre Anzahl reagieren.

Wynns Experiment wurde später sehr häufig von vielen verschiedenen Psychologen in aller Welt wiederholt. In der Zwischenzeit besteht kein Zweifel mehr an der Korrektheit der Ergebnisse.

Eine Abwandlung von Wynns Versuchsanordnung dachte sich der amerikanische Psychologe Tony Simon aus. Damit konnte er nicht nur die urprüngliche Schlußfolgerung Wynns über den Sinn für die Anzahl von Dingen bei Kindern bestätigen, sondern entdeckte auch noch einen weiteren faszinierenden Aspekt, wie kleine Kinder ihre Welt sehen.

Als Simon seine Experimente durchführte, wechselte er manchmal einzelne Objekte aus, während sie sich hinter dem Schirm befanden. So ersetzte er beispielsweise zwei rote Puppen durch zwei blaue oder eine rote und eine blaue Puppe durch einen oder zwei gelbe Bälle. Die Kinder wirkten nicht überrascht, wenn die Objekte ihre Farbe gewechselt oder sich von einer Puppe in einen Ball verwandelt hatten, nachdem sich der Schirm gelüftet hatte – *Hauptsache, ihre Anzahl stimmte.* Offensichtlich läßt es viermonatige Babys völlig kalt, wenn sie sehen, wie Objekte ihre

Farbe verändern oder sich in etwas ganz anderes verwandeln, aber sie werden stutzig, wenn aus zwei Gegenständen plötzlich einer wird oder umgekehrt.

Mit anderen Worten, sehr kleine Kinder haben nicht nur einen Sinn für die Anzahl von Dingen, auch ihre Erwartungen, daß sich die Anzahl nicht verändert, scheint grundlegender in ihnen verankert als die Erwartung, daß Farbe, Form oder Erscheinung eines Objekts gleich bleiben.

Und noch eine weitere Variante von Wynns Experiment sollte diese Sicht der Babys auf die Welt bestätigen. Dabei saß das Baby nun vor der Bühne und sah im Wechsel einen roten Ball und eine blaue Rassel hinter dem Schirm hervorspringen. Unter der Bedingung, daß das Kind nie beide Gegenstände gleichzeitig sah, war es vollkommen damit zufrieden, nach dem Wegnehmen des Schirms nur eines von beiden, die Rassel oder den Ball, zu sehen. Offensichtlich erschien es ihm selbstverständlich, daß Gegenstände von einem Augenblick zum anderen ihre äußere Form vollkommen verändern können. Das galt aber nur für Kinder bis zum Alter von etwa einem Jahr. Bei Kindern, die älter waren, führte das abwechselnde Erscheinen von zwei unterschiedlich *aussehenden* Objekten auch zu der Erwartung, daß sich hinter dem Schirm tatsächlich zwei verschiedene Objekte verbergen.

Ich sollte hier noch betonen, daß sich dieser Sinn für die Anzahl, den Wynn und die anderen Wissenschaftler entdeckten, strikt auf Mengen mit einem, zwei oder drei Objekten beschränkte. Kinder unter einem Jahr scheinen nicht in der Lage zu sein, etwa vier Gegenstände von fünfen zu unterscheiden. Doch die verschiedenen Experimente belegten, daß auch ein viermonatiges Kind bei Mengen von drei oder weniger Objekten bereits einen Sinn für die Anzahl von Dingen hat und ein grundlegendes Verständnis von Addition und Subtraktion. Doch wann genau erwirbt es diesen Sinn? Oder wird es schon mit diesen Fähigkeiten geboren?

Weitere Experimente, diesmal durchgeführt von den amerikanischen Psychologen Sue Ellen Antell und Daniel Keating, brachten zutage, daß dieser Sinn für die Anzahl – die Fähigkeit, den Unterschied zwischen einer Menge von einem Objekt und einer von zwei oder von drei Objekten zu erkennen – bei Babys bereits wenige Tage nach der Geburt vorhanden ist.

Antell und Keating wandelten eine Versuchsanordnung von Prentice Starkey ab, ebenfalls amerikanischer Psychologe. Wie Karen Wynn untersuchten auch sie die Aufmerksamkeitsspanne, um herauszufinden, was die Säuglinge interessant fanden. Auch sie nahmen das Verhalten der Versuchspersonen auf Video auf, um die Zeit, in der die Kinder ein bestimmtes Objekt betrachteten, genau zu messen.

In Antells und Keatings Experiment wurden einem erst wenige Tage alten Baby Dias vorgeführt. Das erste Dia zeigte zwei nebeneinanderliegende Punkte. Beim ersten Mal schaute das Baby eine ganze Weile interessiert hin. Dann verlor es das Interesse, und seine Augen wanderten umher. In diesem Moment wurde das Dia durch ein anderes mit einer etwas veränderten Anordnung der beiden Punkte ersetzt. Das Kind schaute rasch wieder hin, verlor aber auch hier bald wieder das Interesse. Schließlich wurden die beiden Punkte in einer dritten Anordnung gezeigt. Das gleiche Spiel. Bei jeder Wiederholung war die neu erwachte Begeisterung des Kindes schneller vorbei. Dann plötzlich erschien ein Dia, das nicht nur zwei , sondern drei Punkte zeigte. Sofort war das Interesse wieder da, und das Baby betrachtete das neue Bild deutlich länger – statt 1,9 Sekunden wie zuvor nun 2,5 Sekunden lang. Eindeutig hatte die kleine Versuchsperson den Unterschied in der Anzahl der Punkte bemerkt. Das gleiche geschah, wenn dem Baby zunächst immer drei Punkte gezeigt wurden, die dann plötzlich auf zwei verringert wurden.

Nachdem man dieses Verfahren sehr häufig wiederholt und dabei die Punkte in immer neuen Anordnungen präsentiert hatte, konnten alle Zweifel ausgeräumt werden, daß irgendeine Änderung des Musters der Punkte und nicht ihrer Anzahl die

Aufmerksamkeit erregte. Damit schien der Beweis erbracht zu sein: Schon wenige Tage nach der Geburt verfügen Babys über einen Sinn für die Anzahl.

Ein weiteres Experiment, diesmal durchgeführt von der französischen Psychologin Ranka Bijeljac, ergab, daß das Gefühl der Neugeborenen für die Anzahl nicht auf Mengen beschränkt ist, die Babys *sehen*. Sie registrieren auch den Unterschied zwischen zwei und drei Geräuschen, die sie nacheinander *hören*.

Bijeljac verwendete in diesem Fall eine andere Methode, um die Aufmerksamkeitsspanne ihrer Versuchspersonen festzustellen. Weil die Babys diesmal Geräusche zu hören bekamen, war es nicht sehr sinnvoll, ihr Mienenspiel per Video aufzuzeichnen und dann die Dauer ihres Blickes zu messen. Schließlich gab es überhaupt nichts anzuschauen! Statt dessen machte sich Bijeljac den Saugreflex der Babys zunutze. Jedes Baby bekam von ihr einen Schuller verpaßt. Der Schnuller war mit einer Vorrichtung verbunden, die den Saugdruck maß, den der Säugling zu jedem Zeitpunkt auf den Schnuller ausübte, und dieser Sensor war mit einem Computer verbunden. Schnell zeigte sich, daß Babys um so heftiger an dem Schnuller saugten, je stärker sie gerade an etwas interessiert waren. Ließ das Interesse nach, wurde auch weniger kräftig genuckelt.

Der Saugsensor kontrollierte zugleich eine Vorrichtung, die Geräusche produzierte. Dabei handelte es sich um sinnlose Lautfolgen von zwei oder drei Silben, etwa »A-ki« oder »Bu-ga-lo«. Ein typischer Versuchsablauf sah etwa folgendermaßen aus: Es dauerte nicht lange, bis alle Babys herausfanden, daß sie Töne produzieren konnten, wenn sie an dem Schnuller saugten. Kaum hatte ein Säugling das entdeckt, nuckelte er kräftig und produzierte einen Ton nach dem anderen. Der Apparat war so eingestellt, daß die produzierten Nonsens-Wörter zunächst alle die gleiche Silbenzahl hatten, entweder zwei oder drei. Nach einer Weile ließ das Interesse der Babys nach, und sie saugten langsamer. Wenn der Computer diese Verlangsamung registrierte, schaltete er um und produzierte nun Nonsens-Wörter mit einer anderen Silbenzahl (zwei statt drei bzw. umgekehrt). Kaum war das geschehen, saugte das Baby wieder kräftig und produzierte mehr von diesen neuen Wörtern. Das ganze Spiel konnte man noch mehrmals wiederholen. Weil neue Wörter das Interesse der Babys nicht weckten, solange sie die gleiche Silbenzahl hatten, schloß man daraus, daß die Kinder auf die *Anzahl* der Silben reagierten und nicht auf irgendeine andere Eigenschaft der Laute.

Aber es ging noch weiter. Antells und Keatings Untersuchungen hatten gezeigt, daß jeder von uns schon im zarten Alter von vier Tagen zwischen Mengen von zwei und drei *Objekten* unterscheiden konnte. Seit Bijeljacs Experimenten wissen wir, daß wir in diesem Alter auch schon zwischen zwei und drei *Geräuschen* unterscheiden konnten. Jetzt, als Erwachsene, haben wir diesen frühen Sinn für die Anzahl auf einer abstrakteren Ebene weiterentwickelt: Wir haben jetzt eine *abstrakte* Vorstellung von »zwei« und »drei«, die alle nur denkbaren Objekte der Welt umfaßt. So erkennen wir zum Beispiel eine Ähnlichkeit zwischen einer Menge von zwei Äpfeln, zwei Punkten auf einem Blatt Papier, zwei Elefanten, zwei Trommelschlägen und zwei Flugzeugen am Himmel. Diese Eigenschaft, »zwei zu sein«, die alle diese Objekte gemeinsam haben, ist ein hoch abstrahierter Sinn für die Anzahl – ein *Zahlensinn*. Tatsächlich ist unser abstraktes Verständnis von »zwei, drei, vier, ...« der Anfang der Mathematik. Doch wann kamen wir zu diesem Zahlensinn?

Über diesen Sinn verfügen wir bereits im Alter von sechs bis acht Monaten. Das hat Prentice Starkey gezeigt, der als erster das später von Antell und Keating verwendete Experiment entwickelte. In seinem einfallsreichen Experiment setzte Starkey die Versuchspersonen – zwischen sechs und acht Monate alte Babys – vor zwei Diaprojektoren, die zwei unterschiedliche Dias nebeneinander auf eine Leinwand projizierten. Dann nahm er die Gesichter der Kinder auf, um festzustellen, welches der beiden Bilder die Kinder jeweils am meisten interessierte.

Von den beiden Diaprojektoren zeigte immer jeweils einer ein Bild mit zwei und der andere ein Bild mit drei Objekten, die in einer zufälligen Form angeordnet waren. Von Zeit zu Zeit tauschten die Projektoren die Zahl der gezeigten Gegenstände – waren vorher links zwei und rechts drei zu sehen, war es jetzt umgekehrt.

Während die Bilder gezeigt wurden, ertönten aus einem Lautsprecher zwischen den beiden Projektoren jeweils zwei oder drei Trommelschläge. Zu Beginn des Experiments betrachteten die Babys beide Bilder mit gleichem Interesse. Weil das Bild mit den drei Objekten optisch komplexer war als das mit den zweien, überraschte es auch nicht, daß das Baby etwas länger mit dem Betrachten der drei Objekte befaßt war. Nach den ersten Versuchen jedoch, als sich die Kinder an die Versuchsanordnung gewöhnt hatten, wurde ein bemerkenswertes Verhaltensmuster erkennbar: Die Versuchspersonen schauten sich das Bild länger an, dessen Zahl der gezeigten Objekte der Zahl der jeweils zu hörenden Trommelschläge entsprach. Wenn also zwei Trommelschläge zu hören waren, betrachteten die Babys länger das Bild mit den zwei Objekten. Wenn drei Trommelschläge zu hören waren, betrachteten sie länger das Bild mit den drei Objekten.

Was ging hier vor? Starkey behauptete nicht, seine Versuchspersonen hätten einen bewußten Zahlensinn. Was er beobachtet hatte, war sehr wahrscheinlich vielmehr eine angeborene Reaktion der Gehirnzellen, ein sogenannter neuronaler Respons. Vermutlich werden durch das Hören von zwei Trommelschlägen gewisse Aktivitätsmuster von Gehirnzellen ausgelöst, die das Gehirn empfänglicher machen für einen optischen Sinneseindruck, der aus der gleichen Zahl von Objekten besteht, also zwei bzw. drei. Aber dabei handelt es sich zweifellos schon um einen frühen Vorläufer unseres abstrakten Zahlensinns, den wir entwickeln, wenn wir älter werden.

Was also geht hier wirklich vor? Viele Menschen finden Mathematik schwierig, wenn nicht sogar völlig unbeherrschbar. In seinem Buch *Zahlenblind*,[1] das 1990 erschien, führte der Mathematiker John Allen Paulos die zahlreichen Arten von Schwierigkeiten auf, die viele ansonsten intelligente und erfolgreiche Menschen mit Zahlen haben. Und doch sieht es so aus, als seien wir alle mit natürlichen mathematischen Fähigkeiten zur Welt gekommen. Ob wir sie irgendwie verlieren, wenn wir älter werden? Verlernen wir sie durch unseren Mathematikunterricht in der Schule? Können wir wieder Zugang zu ihnen finden?

Aber mindestens ebenso spannend ist die Frage: Wenn schon Babys angeborene mathematische Fähigkeiten haben, sind dann auch andere Lebewesen zu mathematischen Leistungen fähig?

Über diese und ähnliche Fragen begann ich nachzudenken, als ich vor ein paar Jahren für mein Buch *Das Mathe-Gen*[2] recherchierte. Ich war ganz begeistert von den Antworten, die ich fand, und ich bin sicher, Ihnen wird es ähnlich gehen. Die vielleicht überraschendste Tatsache ist, daß Mathematik keineswegs eine ungewöhnliche Form des Denkens ist, die wir Menschen entwickelt haben – und relativ wenige beherrschen können. Vielmehr sind wir überall von Mathematik umgeben; manchmal wird sie sogar von Lebewesen betrieben, denen wir gewöhnlich in puncto Gehirnschmalz bei weitem nicht soviel zutrauen.

Auf den folgenden Seiten möchte ich Sie auf dem Weg begleiten, den auch ich bei meinen Entdeckungen nahm. Ich garantiere Ihnen, wenn wir fertig sind, werden Sie die Mathematik mit vollkommen anderen Augen sehen.

Ich beginne mit einigen angeborenen mathematischen Fähigkeiten der Tiere, mit denen wir am besten vertraut sind: Hunde und Katzen. Später dann, nachdem wir ziemlich weit durch das gesamte Tierreich gewandert sind, werden wir wieder zu den Menschen zurückkehren.

2 Elvis: Der Hund als Differentialrechnungskünstler

»Irgendwie ist es seltsam, welchen Weg Elvis läuft, um seinen Ball zu fangen«, sagte sich Tim Pennings eines Tages im Jahr 2001. Wie mehrmals wöchentlich war Pennings aus der Stadt Holland in Michigan auch an diesem Tag mit seinem Corgi Elvis ans Ufer des Lake Michigan gekommen, um ihn dort verschiedene Gegenstände apportieren zu lassen. Tim warf den Ball am Strand entlang und beobachtete, wie sein Hund dem Spielzeug hinterherlief, um es zu fangen. Gelegentlich warf er den Ball aber auch aufs Wasser hinaus, und bei diesen Würfen fiel ihm das interessante Verhalten des Hundes auf. Wenn Tim den Ball im rechten Winkel zur Uferlinie direkt hinaus ins Wasser warf, stürzte sich Elvis sofort ins Wasser und hielt schwimmend auf den Ball zu. Doch wenn sein Herrchen den Ball schräg zur Uferlinie ins Wasser warf, dann setzte der Hund dem Ball keineswegs auf dem kürzesten Weg nach. Vielmehr rannte er zuerst eine ganze Strecke am Ufer entlang und stürzte sich erst dann ins Wasser.

Tausende Hundebesitzer müssen genau dieses Verhalten schon oft beobachtet haben – ohne sich etwas dabei zu denken. Doch Pennings lehrt Mathematik am Hope College in Michigan, und Elvis' Verhalten erinnerte ihn an eine Aufgabe aus der Differentialrechnung, die er schon oft seinen Studenten gestellt hatte. Und zu dieser Aufgabe hatte Elvis selbständig die richtige Lösung gefunden – was Pennings von vielen seiner Studenten nicht behaupten konnte. »Beherrscht mein Corgi etwa Differentialrechnung?‹ fragte er sich.

Er wußte natürlich, daß das nicht sein konnte, aber nachdem er noch ein paarmal den Ball schräg zur Uferlinie ins Wasser geworfen und seinen Hund beim Apportieren beobachtet hatte, war er sicher, daß hier etwas sehr Interessantes vor sich ging. Elvis schien nämlich eine Strecke zu wählen, über die er den Ball am *schnellsten* erreichen konnte. Und die einzig mögliche Methode, die Pennings kannte, um diesen Weg herauszufinden, war mit Hilfe der Differentialrechnung.

Die schnellste Möglichkeit, um einen Ball am Strand zu fangen oder einen, der im rechten Winkel zur Uferlinie ins Wasser geworfen wurde, besteht darin, ihm einfach auf direktem Weg hinterherzulaufen. Viel komplizierter jedoch ist es, die kürzeste Strecke herauszufinden, wenn der Ball schräg zur Uferlinie ins Wasser geworfen wird. Denn ein Hund kann viel schneller laufen als schwimmen. Deswegen ist er schneller am Ziel, wenn er zuerst eine gewisse Entfernung am Ufer entlangläuft und dann erst die restliche Strecke schwimmt. Eine Möglichkeit bestünde nun darin, bis zur Höhe des Balls – der ja gut sichtbar im Wasser schwimmt – am Ufer entlangzulaufen und dann in einem rechten Winkel ins Wasser abzubiegen und auf das Ziel zuzuschwimmen. Deutlich schneller jedoch ist es, nur *eine Teilstrecke* dieser Entfernung am Ufer zurückzulegen und dann diagonal auf den Ball zuzuschwimmen. Es stellt sich die Frage, wie weit genau Elvis am Strand entlanglaufen muß, bevor er ins Wasser springt, um den Ball *am schnellsten* zu erreichen.

Dabei handelt es sich um eine klassische Aufgabe, die Mathematiklehrer und -professoren oft ihren Oberstufenschülern und Studenten stellen. Zur Lösung benötigt man die Differentialrechnung, eine tiefgründige mathematische Technik, die im 17. Jahrhundert von den Mathematikern Isaac Newton (1642–1727) und Gottfried Wilhelm Leibniz (1646–1716) entwickelt wurde.

Jetzt war Pennings entschlossen herauszufinden, was Elvis da tat, und machte sich daran, ein paar Daten zu sammeln. Bei ihrem nächsten Gang zum Strand nahm er daher – außer dem

Ball – noch ein Maßband, eine Stoppuhr und seine Badehose mit. Dann warf er wieder den Ball, insgesamt 35mal. Bei jedem Wurf drückte Tim nun auf die Stoppuhr, rannte hinter seinem Hund am Strand her und pflockte an dem Punkt, von dem aus Elvis ins Wasser sprang (D), das Ende des Maßbandes in den Sand. Zugleich stoppte er die Zwischenzeit, die der Hund bis zu diesem Punkt gebraucht hatte, und schwamm danach, das Maßband in der Hand, Elvis hinterher. Obwohl Tim dadurch etwas aufgehalten wurde, konnte er doch, weil er ein guter Schwimmer ist, Elvis wieder einholen, bevor er den Ball erreicht hatte, und die Zeit stoppen, die der Hund brauchte, um auch dort anzukommen.

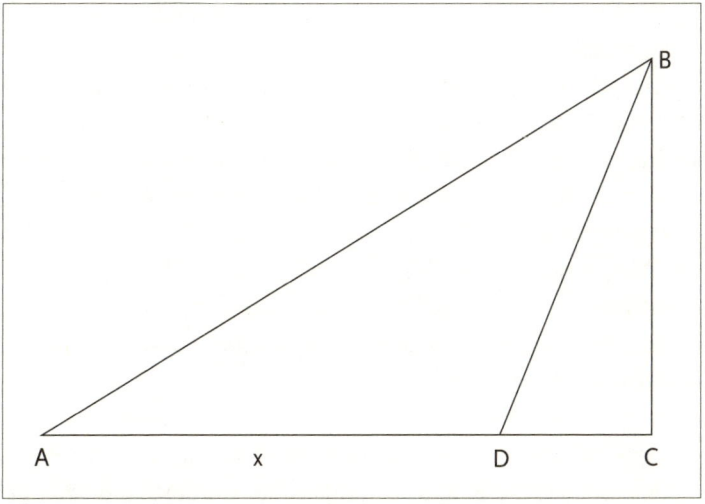

Abbildung 2.1: *Das Ballfang-Problem. Der Hund rennt bei A los, der Ball befindet sich bei B. Der Hund rennt zunächst bis zum Punkt D am Strand entlang, springt dann ins Wasser und schwimmt zu B. Das Problem besteht darin, die Länge derjenigen Strecke AD zu bestimmen, für die die Gesamtzeit zum Erreichen von B möglichst kurz ist. Um die Antwort herauszufinden, muß man die Streckenlängen AC und CB und die Geschwindigkeiten des Hundes beim Laufen am Strand und beim Schwimmen kennen.*

Schließlich schwamm Tim zurück ans Ufer, markierte auch diesen Punkt (C) und maß zu guter Letzt noch die beiden Strecken, die in Abbildung 2.1 mit AD und AC bezeichnet sind. Tim kam zu dem Ergebnis, daß er den Ball durchschnittlich 20 Meter den Strand entlang und 10 Meter ins Wasser warf. Die gesamte Versuchsserie dauerte drei Stunden. Dann war Tim völlig erschöpft und machte Schluß.

Als er mit seinen Aufzeichnungen wieder zu Hause war, konnte er seine Aufgabe mit ein paar einfachen Berechungen lösen. Wie er vermutet hatte, sprang Elvis im Durchschnitt genau an der Stelle ins Wasser, die auch rechnerisch am günstigsten war. Die Schlußfolgerung war unausweichlich: Elvis hatte *auf seine eigene Art und Weise* ein Problem für Collegestudenten aus der Differentialrechnung gelöst.

Tim schrieb seine Entdeckungen auf und veröffentlichte sie 2002 in der Maiausgabe des *College Mathematics Journal*, einer Fachzeitschrift der *Mathematical Society of America*. Der Herausgeber brachte die Story unter der Überschrift *Beherrschen Hunde Differentialrechnung?* als Titelgeschichte, und Elvis kam auf das Titelblatt – wahrscheinlich das erste Mal überhaupt, daß ein Hund den Titel einer mathematischen Fachzeitschrift zierte.

Wie aber gelang Elvis diese spektakuläre Aktion? Pennings erklärte es folgendermaßen:

... obwohl Elvis sich geschickt angestellt hat, kann er doch keine Differentialrechnung. In Wirklichkeit hat er sogar schon Schwierigkeiten mit einfachen Additions- und Subtraktionsaufgaben. Aber im Ernst, obwohl er keine Berechnungen ausführt, ist sein Verhalten ein Beispiel für die seltsame Art und Weise, wie die Natur oft zu optimalen Lösungen kommt ... (Vielleicht war ein natürlicher Auslesemechanismus im Spiel, der solchen Tieren, die bessere Entscheidungen als andere treffen konnten, einen leichten, aber folgenreichen Überlebensvorteil verschaffte.)

Mit anderen Worten, Pennings behauptete, die Mathematik hinter Elvis' bemerkenswerten Leistungen habe Mutter Natur vollbracht. Durch den Evolutionsprozeß der natürlichen Auslese hätten Hunde die instinktive Fähigkeit entwickelt – die vielleicht durch Erfahrung noch verbessert wurde –, genau das zu tun, was erforderlich ist, um den Ball so schnell wie möglich zu fangen. In diesem Sinn ist Elvis tatsächlich in der Lage, diese eine Aufgabe aus der Differentialrechnung zu lösen.

Elvis kann aber noch viel mehr Mathematik. Hätte Pennings genauer hingeschaut, welche Laufstrecke Elvis beim Fangen des Balls am Strand zurückgelegt hatte, dann wäre ihm ein weiteres rätselhaftes Verhalten aufgefallen. Elvis lief nämlich nicht in einer geraden Linie – also auf dem kürzestmöglichen Weg –, sondern lief einen Bogen. Ohne daß Pennings davon wußte, hatte die *New York Times* im Januar des gleichen Jahres die Ergebnisse einer anderen Forschungsarbeit mit Hunden veröffentlicht, nämlich eine Untersuchung über den genauen Weg, den ein Hund läuft, wenn er versucht, eine fliegende Frisbeescheibe zu fangen.[3] Die *Times* wußte zu berichten, daß Hunde einen Kreisbogen laufen, der genau an der Stelle endet, wo die rotierende Scheibe tief genug fliegt, daß sie mit der Schnauze aufgefangen werden kann. Warum tut ein Hund so etwas? Warum läuft er nicht einfach geradeaus, wobei er doch eine größere Chance hätte, die Scheibe zu erwischen, bevor sie auf dem Boden landet?

Die Frage wurde noch rätselhafter, als Videoaufnahmen von Baseballspielern ausgewertet wurden, die versuchten, Bälle zu fangen. Auch sie liefen nicht auf dem direktesten Weg, sondern ebenfalls in einem Kreisbogen! Was ging hier vor?

Als erstes muß man feststellen, daß die gleichzeitige Berechnung des Ortes, an dem ein fliegendes Objekt landen wird, und der Richtung, die man einschlagen muß, um es im richigen Moment zu erwischen, weitaus komplizierter ist als das Problem mit dem Ball im Wasser, das Elvis so bravourös gelöst hat. Denn hier muß der Fänger die Geschwindigkeit beider Objekte berücksichtigen, die der Scheibe und seine eigene. Astronauten stehen vor einer ähnlichen Aufgabe, wenn sie eine Versorgungsrakete an eine sich schnell bewegende Raumstation ankoppeln sollen. Sie lösen dieses Problem mit ausgefeilten Computerprogrammen für die erforderlichen Berechnungen der höheren Mathematik.

Hunde und Ballspieler scheinen dagegen unbewußt eine Herangehensweise zu verfolgen, bei der die Berechnungen – jene schwierigen nämlich, gleichzeitig den Landepunkt und die Laufstrecke zu berechnen – durch einen anderen Ansatz ersetzt werden, der zwar ebenfalls kompliziert ist, aber bereits von der Natur gelöst wurde: mit Hilfe des Sehsinnes. Als Ergebnis der Evolution können sich Hunde – und Menschen – so bewegen, daß sie Objekte, die sie verfolgen, immer im Blick behalten. 1995 vermuteten Wissenschaftler von der Arizona State University, der Grund dafür, daß Ballspieler einer Kreisbahn folgen, wenn sie einem Ball nachlaufen, sei folgender: Sie laufen in einer Art und Weise, daß es für sie selbst so aussieht, als ob sich der Ball in einer geraden Linie bewege. In der »Hund-fängt-Frisbee«-Untersuchung aus der *New York Times* befestigten dieselben Forscher eine kleine Kamera mit einem Sender auf dem Kopf ihrer Versuchstiere, um nachzuvollziehen, was die Hunde beim Verfolgen der Frisbeescheibe tatsächlich sehen. Ähnlich wie der Ballspieler liefen auch die Hunde so, daß ihnen die Flugbahn des Balls wie eine Gerade vorkam.

Diese brillante Strategie liefert ein eindrucksvolles Beispiel dafür, wie die Evolution durch natürliche Auslese zur optimalen Lösung für ein Problem führen kann. In diesem Fall bestand die Lösung der Natur nicht darin, das Tier mit einem vollkommen neuen mentalen Algorithmus auszustatten, um gleichzeitig die Flugbahn des Objekts und die eigene Laufstrecke für den idealen »Fang-Moment« auszurechnen. Statt dessen nutzte die Natur die bereits vorhandenen komplizierten Systeme aus, um das visuelle System und das motorische System des Körpers miteinander zu koordinieren. Der Preis für diese Strategie besteht darin, daß der

Läufer einem Kreisbogen folgen muß und keiner Geraden. Der Vorteil besteht indes darin, daß er auf einige äußerst wirkungsvolle mathematische Verfahren zurückgreifen kann, wie sie die Natur bereits in der Funktion des visuellen Systems bei Menschen und Tieren angelegt hat. (In Kapitel 8 folgen weitere Informationen zu diesen angeborenen Fähigkeiten des Sehsystems.)

Und noch eine Differentialrechnungskünstlerin – die Katze?

Wenn sich Hunde als heimliche Mathematiker outen, was ist dann mit Katzen? Zeigen auch sie irgendwelche bemerkenswerten Rechenfertigkeiten? Die strikte Weigerung einer Katze, irgendwelche Bälle zu apportieren – geschweige denn, sich ins kalte Wasser zu stürzen –, läßt eine Wiederholung von Pennings' Experiment mit unseren schnurrenden Lieblingen nicht zu. Dennoch hatte mich Pennings' Beobachtung neugierig gemacht, und ich forschte weiter in der Literatur. So stieß ich auf ein Buch mit einem faszinierenden Titel: *Differentialrechnung für Katzen*,[4] geschrieben von Jim Loats, Mathematikprofessor am Metropolitan State College in Denver, und dem Schriftsteller Kenn Amdahl. Wäre es denkbar, daß diese unergründlichen pelzigen Geschöpfe ein geheimes Leben haben, das den meisten Menschen verborgen bleibt, wie es ja auch viele Katzenbesitzer immer wieder behaupten? Loats und Amdahl beginnen ihr Buch mit folgenden Worten:

> Vor ungefähr viertausend Jahren fielen Außerirdische auf die Erde ein und begannen, einen diabolischen Plan umzusetzen, um die Menschheit zu versklaven: Sie zwangen uns, ihnen Wohnungen zu bauen, ihnen die teuersten und exotischsten Lebensmittel zu servieren und ihnen, ungeachtet der Umstände, jeden noch so verrückten Wunsch zu erfüllen, während sie selbst es sich wohlergehen ließen und gar nichts taten.

Diese Außerirdischen sind inzwischen als »Katzen« bekannt.

Die Eroberung stellte sich als einfach heraus. Obwohl diese Kreaturen keine den anderen Fingern gegenüberstellbaren Daumen hatten, kleiner waren und nur über eingeschränkte Sprachfähigkeiten verfügten, besaßen sie doch eine überwältigend überlegene Fähigkeit:

Sie verstanden die Differentialrechnung.

Und die Menschen nicht.

Durch den Titel neugierig gemacht und von der gerade zitierten Einführungspassage in Bann gezogen, verbrachte ich längere Zeit mit der Lektüre von *Differentialrechnung für Katzen*, um die Leser meines Buches so eingehend wie möglich über die mathematischen Fähigkeiten der gemeinen Hauskatze zu informieren. Leider muß ich Ihnen mitteilen, daß es sich bei der Leserschaft, die Loats und Amdahl anvisiert haben, mit an Sicherheit grenzender Wahrscheinlichkeit nicht um Katzen handelt, sondern um Menschen. Mit Bedauern mußte ich zu dem Schluß kommen, daß die Autoren die Idee, scheinbar ein Buch für Katzen zu schreiben, lediglich als Vorwand genommen hatten, um ansonsten unwillige Studenten zur Beschäftigung mit Differentialrechnung zu bewegen. Mein in diese Richtung gehender Verdacht wurde erstmals durch die Ähnlichkeit zwischen den Einführungssätzen des Buches und des 1979 erschienenen Buchs *Per Anhalter durch die Galaxis* von Douglas Adams geweckt, jener schon klassischen Reihe von Radiosendungen, die später auch als Buch erschienen. Adams ließ in ähnlicher Weise durchblicken, daß die Erde und das menschliche Leben auf ihr in Wirklichkeit von diabolischen Mäusen erfunden wurden, als geheime Verschwörung für ihre eigenen Ziele. Einen weiteren bedeutenden Hinweis auf die wahren Absichten von Loats und Amdahl lieferte mir der letzte Satz der oben zitierten Einleitung. Er lautet:

Doch bevor Sie jetzt zu dem Schluß kommen, Differentialrechnung sei nichts für Sie, bedenken Sie: Wenn Katzen es lernen können, dann können auch Sie es.

Kein schlechter Versuch, Jungs! Ihr habt das unterhaltsamste Buch der Welt über Differentialrechnung geschrieben, wenn auch angesichts der großen Konkurrenz inhaltlich vielleicht nicht das bemerkenswerteste. Aber Ihr habt es für Menschen geschrieben, nicht für Katzen. Tatsächlich muß ich gestehen, daß ich den Verdacht habe, auch Ihr habt nicht den geringsten Beweis dafür, daß Katzen über irgendwelche mathematischen Fähigkeiten verfügen – außer einigen angeborenen Fähigkeiten ähnlich denen von Elvis beim Apportieren von Bällen.

Zu den beeindruckendsten angeborenen Fähigkeiten der Katzen gehört ihr unglaublich guter Orientierungssinn. Ein paarmal im Jahr ist in einer Lokalzeitung irgendwo in Nordamerika oder Europa eine Meldung über eine Katze zu lesen, die von ihren Besitzern bei einem Umzug viele hundert oder tausend Kilometer weit mitgenommen wurde, aber das heimwehkranke Geschöpf nutzte die erstbeste Gelegenheit zum Ausbüxen und kreuzte Tage oder Wochen später wieder auf der Schwelle seines alten Heims auf. Angenommen, diese Geschichten sind nicht erfunden – wie machen die Tiere das? Die plausibelste Erklärung wäre, daß sie sich am Sonnenstand, an den Sternen oder am Magnetfeld der Erde orientieren. Aber wie jeder weiß, der schon einmal mit Rucksack und Kompaß in der Wildnis unterwegs war, braucht man doch einige grundlegende trigonometrische Fähigkeiten, wenn man sich mit Hilfe dieser Gegebenheiten orientieren will.

Noch etwas schwerer zu glauben, weil es dafür überhaupt keine plausible Erklärung zu geben scheint, sind die Storys über Katzen, die beim Umzug von ihren Eigentümern vergessen wurden und angeblich irgendwie den Weg zum neuen Haus ihrer Herrchen und Frauchen fanden. Ich kann diese Geschichten kaum glauben, weil es eigentlich gar keine Möglichkeit für die Tiere gibt, herauszufinden, wohin ihre Besitzer gezogen sind. Vielleicht hätten sie sie mit Hilfe ihres Geruchssinns verfolgen können, wenn sie zu Fuß umgezogen wären; aber wenn eine Familie all ihre Sachen in einen großen Umzugswagen packt und dann viele hundert Kilometer auf der Autobahn fährt, ist nur schwer einzusehen, daß sie dabei eine brauchbare Duftspur hinterläßt – nicht einmal dann, wenn die Katze die ganze Strecke mit der Nase auf dem Asphalt die Autobahn hinterhertrotten würde.

Eine besonders dramatische, natürlich-mathematische Leistung, die Katzen aber tatsächlich vollbringen, ist ihr Verhalten, wenn sie von einem Baum oder einer Mauer fallen. Praktisch immer gelingt es ihnen, sich während des Fallens so auszurichten, daß sie aufrecht auf ihre vier Pfoten fallen. Zeitlupenaufnahmen enthüllen, daß sie dies erreichen, indem sie blitzschnell ihren Körper derart bewegen, daß die Schwerkraft – die einzige Kraft von Belang, die in diesem Moment auf sie einwirkt – sie in die aufrechte Position bringt. Eine menschliche Aktivität, die dieser bemerkenswerten tierischen Rechenleistung am nächsten kommt, führt das menschliche Bodenpersonal einer Raumfahrtstation aus, wenn es per Funk einen Satelliten wieder stabilisiert, der ins Trudeln geraten ist. Hierzu sind einige höchst ausgefeilte mathematische Methoden erforderlich, darunter das computergestützte Lösen von partiellen Differentialgleichungen mit bis zu zwölf Variablen – und solche Berechnungen übersteigen die Fähigkeiten der meisten Mathematikstudenten im Grundstudium.

Ähnlich wie Tim Pennings' Corgi Elvis scheinen also auch Katzen über gewisse angeborene mathematische Fähigkeiten zu verfügen, überdies wohl keine, die unsere Lieblinge durch das Zusammenleben mit uns Menschen aufgeschnappt haben.

In diesem Buch werden wir noch zahlreichen weiteren Tieren (und Pflanzen!) begegnen, die die Evolution mit der Fähigkeit zum Lösen einer oder zwei entscheidender mathematischer Aufgaben versehen hat. Sie sind also geborene Mathematiker. Sie leben überall in unserer Umgebung, lösen immer wieder dieselbe mathematische Aufgabe, der sie ihr Überleben verdanken. Die wichtigste Lektion, die wir aus all diesen Beispielen lernen werden, lautet, daß die Natur – in Form der Evolution durch natürliche Auslese – anscheinend der beste Mathematiker von allen ist. Doch bevor wir hier richtig einsteigen, muß ich noch sicherstellen, daß auch klar ist, was Berufsmathematiker eigentlich unter Mathematik verstehen.

Wahrscheinlich ist Ihnen völlig klar, was es bedeutet, sich mit Mathematik zu beschäftigen. Auch wenn es Ihnen vielleicht schwerfällt, eine genaue Definition von Mathematik zu geben, dürften Sie alles in allem eine ziemlich genaue Vorstellung davon haben, womit sie sich beschäftigt: mit Zahlen, Arithmetik, Algebra, dem Lösen von Gleichungen, Geometrie, Aufgaben mit Zügen, die von Bahnhöfen abfahren, Beweisen von Theoremen und so weiter. Es dürfte Ihnen nicht schwerfallen anzugeben, ob Sie gut in Mathe sind – die Standardantwort lautet »nein« oder vielleicht »nicht besonders« – oder ob Sie sie mögen: Auch hier sind die »Nein«-Sager in der Mehrheit, obwohl es mehr Leute gibt, die mit »Ja« antworten, als allgemein angenommen.

Doch bei dieser populären Vorstellung von Mathematik handelt es sich um einen äußerst verengten Blickwinkel, der auch keineswegs repäsentativ für das Fachgebiet als Ganzes ist. Und obwohl es bei vielen Beispielen in diesem Buch um das Rechnen mit Zahlen geht, wäre es eine irrige Vorstellung zu glauben, daß es bei Mathematik ausschließlich oder auch nur überwiegend um Zahlen geht. Vielmehr sind Zahlen nur ein Teil eines speziellen Zweigs der Mathematik, und die meisten Mathematiker verbringen auch nicht ihre meiste Arbeitszeit mit Rechnen. Ebenso hat die Mathematik, die von anderen Lebewesen als dem Menschen betrieben wird, nicht nur mit Zahlen und Arithmetik zu tun. Bei Mathematik geht es vielmehr um Muster. Und um Muster geht es auch überall sonst, wo Leben ist.

Die Zahlen kamen auf, als unsere Vorfahren erstmals erkannten, daß Mengen von beispielsweise drei Ochsen, drei Speeren und drei Frauen etwas Gemeinsames haben: nämlich die gemeinsame Anzahl drei. Bei dem Muster, um das es in diesem Fall geht, handelt es sich um die Größe einer Menge, um die Anzahl. Die Zahlen selbst wurden erfunden, um diese Anzahl mit einem Namen zu belegen: Die Zahl 1 beschreibt die Anzahl »ein Element«, die Zahl 2 eine Menge mit der Eigenschaft »enthält zwei Elemente« und so weiter.

Sind erst einmal die Zahlen erfunden, kann man auch Regelmäßigkeiten oder Muster zwischen Zahlen und Zahlenverhältnissen erkennen, etwa »2 + 3 = 5«; und so entsteht die Arithmetik, die Grundrechenarten. Ähnlichkeiten und Muster in der Gestalt, die beispielsweise wichtig dafür sind, wer welches Stück Land besitzt, oder beim Bau von Häusern führen zur Entstehung der Geometrie; dieses Wort selbst stammt aus dem Griechischen und bedeutet »Erd[ver]messung«. Wenn man Muster von Formen mit Mustern von Zahlen verbindet, kommt man zur Trigonometrie.

Um die Mitte des 17. Jahrhunderts entwickelten Isaac Newton und Gottfried Wilhelm Leibniz unabhängig voneinander die *Differentialrechnung*, eine Methode zur Untersuchung der Muster von kontinuierlichen Bewegungen und Veränderungsvorgängen, die nicht sprunghaft oder ruckartig verlaufen. Vor der Erfindung der Differentialrechnung war die Mathematik im wesentlichen auf die Untersuchung statischer Phänomene beschränkt: auf das Zählen, Messen und Beschreiben von Formen. Mit der Einführung von Techniken zur Untersuchung von Veränderungen und Bewegungen konnten die Mathematiker nun auch die Bewegung der Planeten und das Fallen von Körpern auf der Erde untersuchen, die Funktionsweise von Maschinen, das Fließen von Flüssigkeiten, die Ausdehnung von Gasen, physikalische Kräfte wie den Magnetismus und die Elektrizität, das Fliegen, das Wachstum von Pflanzen und Tieren, die Ausbreitung von Seuchen, das Schwanken von Gewinnen und viele ähnliche Phänomene.

Etwa zur gleichen Zeit, als Newton und Leibniz die Differentialrechnung erfanden, führten die französischen Mathematiker Pierre de Fermat und Blaise Pascal einen Briefwechsel, in dem sie die Anfänge der *Wahrscheinlichkeitsrechnung*, eines neuen Zweigs der Mathematik, entwickelten. Diese beschäftigt sich mit Mustern, die entstehen, wenn man zahlreiche Wiederholungen von Zufallsergebnissen miteinander vergleicht, etwa beim Werfen einer Münze oder beim Würfeln. Der Anlaß für ihre Bemühungen war der Wunsch ihrer wohlhabenden Förderer an den Höfen, die hofften, an den Spieltischen Europas besser abschneiden zu können.

Aus der Untersuchung der Muster des logischen Denkens – des Zweiges der Mathematik, den man als *formale Logik* bezeichnet – entstand die heutige Computertechnologie.

Die Unterscheidung zwischen der eigentlichen Mathematik und der schriftlichen Darstellung dafür ist für das Verständnis dieses Buches wichtig. Heutzutage wimmelt es in den meisten Mathematikbüchern von Symbolen. Doch diese mathematische Schreibweise *ist* genausowenig Mathematik, wie Notenschrift Musik *ist*. Ein Notenblatt *stellt* ein Musikstück *dar, repräsentiert es,* aber Musik selbst entsteht daraus erst dann, wenn man die Noten vom Blatt singt oder auf einem Instrument spielt. Erst durch die Aufführung erwacht die Musik zum Leben und wird Teil unserer Erfahrungen; die Musik existiert nicht auf dem bedruckten Blatt Papier, sondern in unserem Geist. Das gleiche gilt für die Mathematik: Die Symbole auf dem Papier sind nur eine *Darstellungsform* der Mathematik. Wenn sie von jemandem gelesen werden, der sich damit auskennt, dann erwachen die Symbole auf dem Papier zum Leben – Mathematik wird im Kopf des Lesers lebendig.

Ohne ihre zahlreichen Symbole gäbe es große Gebiete der Mathematik schlicht gar nicht. Das *Erkennen* abstrakter Konzepte und die Entwicklung einer Sprache, um sie zu bezeichnen, sind tatsächlich zwei Seiten der gleichen Medaille. So bedeutet zum Beispiel der Gebrauch des Zahlensymbols »7« zur Bezeichnung der Zahl Sieben, daß man sich der Existenz einer Anzahl »7«, eines »Sieben-Seins«, zuvor bewußt geworden ist. Verfügt man erst einmal über die Symbole, kann man auch über den dahinterstehenden Begriff nachdenken und damit umgehen.

Dieser linguistische Aspekt der Mathematik wird oft übersehen, besonders in unserer modernen Kultur mit ihrer Vorliebe für die prozeduralen Aspekte der Mathematik, das Rechnen. So hört man oft die Klage, Mathematik sei doch so viel einfacher, wenn es nicht diese abstrakte Schreibweise gäbe – das aber ist so, als würde man sagen, Shakespeare sei doch sicher viel einfacher zu verstehen, wenn seine Stücke in einer einfacheren Sprache geschrieben wären.

Wenn man hinter die Symbole blickt, dann ist Mathematik, die Wissenschaft von den Mustern, eine Art und Weise der Weltbetrachtung, der physikalischen, biologischen und sozialen Welt, in der wir leben, und der inneren Welt unseres Geistes und unserer Gedanken. Zweifellos hatte die Mathematik bislang ihre größten Erfolge im Bereich der Physik. Der italienische Astronom Galileo Galilei (1564–1642) faßte seine Überzeugung in die Worte: »Das große Buch der Natur kann nur lesen, wer seine Sprache versteht. Und diese Sprache ist die Mathematik.« In unserer heutigen Zeit, die von Information, Kommunikation und Datenverarbeitung beherrscht wird, gibt es kaum noch einen Aspekt unseres Lebens, der nicht von Mathematik beeinflusst wird; denn abstrakte Muster sind die Essenz des Denkens, der Kommunikation, der Datenverarbeitung, der Gesellschaft – und des Lebens überhaupt.

Und das alles können also Tiere?

Wenn es sich also, meinen Anmerkungen zufolge, bei der Mathematik um eine *bewußte menschliche Tätigkeit* handelt – inwiefern kann man dann behaupten, daß Tiere anscheinend »Mathe können«?

Natürlich ist unsere Vorgehensweise, mit Papier und Bleistift Aufgaben zu lösen, eine Art, Mathematik zu betreiben. Allgemein gesagt, ist es *unsere* Art. Aber ist es auch die einzige?

Ich denke, wir alle würden zustimmen, daß wir auch dann, wenn wir einen Taschenrechner oder einen Computer zur Lösung einer mathematischen Aufgabe verwenden, immer noch Mathematik betreiben. In vielen Fällen könnten wir uns sogar mit der Behauptung anfreunden, der Taschenrechner oder der Computer betrieben die Mathematik. Wie sieht es dann damit aus, wenn ein nichtmenschliches Lebewesen dieselbe Aufgabe löst? Elvis zum Beispiel: Haben wir das Recht, ihm abzusprechen, daß auch er Mathematik betreibt?

Sie könnten nun argumentieren, auch der intelligenteste Corgi sei sich nicht bewußt, irgend etwas zu berechnen. Aber das gilt auch für den Taschenrechner oder den Computer. »Ja, schon«, könnten Sie nun einwenden, »aber Menschen haben doch diese Maschinen gebaut, um Mathematik zu betreiben.« Darauf würde ich antworten: »Aber Hunde wurden von der Natur dafür konstruiert, ebendiese speziellen mathematischen Aufgaben zu lösen.«[5]

Wenn wir Mathematik als eine rein menschliche Tätigkeit betrachten, konzentrieren wir uns fast ausschließlich auf die bewußte Durchführung von Rechenvorgängen – numerische, algebraische, geometrische usw. –, die oft mit Hilfe von Papier und Stift oder heutzutage mittels technischer Hilfsmittel wie Taschenrechner oder Computer durchgeführt werden. Diese Arten des Rechnens bilden zweifellos einen Teil der Mathematik; aber wenn man von der Tatsache ausgeht, daß Mathematik sich mit dem Erkennen und Bearbeiten von Mustern beschäftigt, dann wäre die Ansicht, das, was wir mit Papier und Bleistift anstellen, wäre die gesamte Mathematik, so ähnlich wie die Behauptung, Fliegen habe mit Flügeln zu tun und damit, daß man damit auf und ab wedelt. Aber wenn man sich auf diese Definition von »fliegen« beschränkt, schließt man damit zum Beispiel alle Flugzeuge aus, die ständig um den Globus düsen. Und zudem ist

Fliegen etwas Fundamentaleres als das, was Vögel oder Flugzeuge tun. Es geht dabei darum, den Erdboden zu verlassen und sich längere Zeit durch die Luft zu bewegen. Gefiederte Flügel und die metallischen Flügel, die Boeing konstruiert, sind nur zwei spezielle Möglichkeiten, diese Tätigkeit auszuführen.

Sobald man Mathematik als die *Wissenschaft von den Mustern* und Mathematik betreiben als *Nachdenken über Muster* betrachtet, wird man es weit weniger überraschend finden, wenn man entdeckt, daß viele Lebewesen Mathematik betreiben. Ich werde Ihnen sogar Beispiele vorstellen, wie Pflanzen Mathe machen. Wenn wir bereit sind einzuräumen, daß Computer zu mathematischen Tätigkeiten in der Lage sind – und das ist wirklich schwer zu leugnen, wo es heute Computersysteme gibt, die jede Matheprüfung einer Highschool bestehen würden –, dann gibt es keinen Grund, das gleiche nicht auch Tieren oder Pflanzen zuzugestehen, die eindeutig Aufgaben lösen können, die wir Menschen nur mit Hilfe von Mathematik bewältigen. Was das Bewußtsein angeht, liegen Computer schließlich sicher noch weit unterhalb von Pflanzen und Tieren.

Genau hier möchte ich ansetzen. Wenn wir uns erst einmal von unserer Papier-und-Bleistift-Sicht der Mathematik gelöst haben, die wir alle noch aus unserer Schulzeit mit uns herumschleppen, und über die viel grundlegendere Tätigkeit nachdenken, für deren Erledigung uns die Schulmethoden nur *eine* von vielen Möglichkeiten liefern, dann werden wir rasch feststellen, daß wir überall von Mathematik umgeben sind. Wenn wir den größten aller Mathematiker finden wollen, brauchen wir nicht nach Harvard, Stanford oder Princeton zu reisen, sondern es reicht ein Gang in den Garten, durch den Wald oder ans Meer. Denn der größte Mathematiker von allen ist Mutter Natur. Im Zuge der Evolution hat die Natur viele Tiere und Pflanzen in unserer Umgebung mit »eingebauten« mathematischen Fähigkeiten versehen, die – aus einer menschlichen Perspektive – wahrlich bemerkenswert sind.

Natürlich ist hier ein wenig Vorsicht angebracht. Wir brauchen hier aber keine präzise, wissenschaftliche Definition, sondern eine Art Faustregel auf der Grundlage des alltäglichen »gesunden Menschenverstandes«. Wenn ich nun in diesem Buch von Mathematik spreche, dann verstehe ich darunter jegliche Aktivität, bei der man von einem *Menschen*, der sie betreibt, sagen würde, er betreibe oder benutze Mathematik. Damit würde Elvis' Verhalten beim Apportieren des Balles bedeuten, er betriebe Mathematik, denn wir Menschen können eine vergleichbare Aufgabe nur mit Hilfe der Mathematik lösen.

Wenn Sie diese Definition von Mathematik nicht mögen und es nicht über sich bringen können, das, was Elvis tat, als Mathematik zu bezeichnen, dann denken Sie sich einfach jedesmal das Wort »natürlich« vor das Wort »Mathematik«, und lesen Sie den Rest dieses Buches so, als ginge es immer um »natürliche Mathematik« oder um die »Mathematik der Natur«.

Wie immer jedoch Ihre bevorzugte Sprachregelung in dieser Sache ist: Wenn Sie sich für die Natur interessieren – und das tun die meisten Menschen –, dann dürften Sie fasziniert und vielleicht überrascht von dem ersten Teil dieses Buches sein, in dem ich Ihnen von zahlreichen Tieren berichten werde, die ganz routiniert natürliche Mathematik betreiben. Aber das ist noch nicht alles. Tatsächlich stellen sich damit erst die wirklich packenden Fragen.

Erstens: Wenn viele unserer Mitgeschöpfe mathematische Begabungen aufweisen, dann gilt das mit Sicherheit auch für uns Menschen. Über welche natürlichen mathematischen Fähigkeiten verfügen wir? Wir haben bereits gesehen, daß schon Babys gewisse arithmetische Fähigkeiten besitzen. Welche anderen mathematischen Probleme können wir noch lösen und lösen wir in der Tat sogar ständig – und wie machen wir das? Besaßen unsere Urahnen einst mathematische Fähigkeiten, die sich verloren haben, als unsere Gehirne fähig wurden, bestimmte Dinge anders anzugehen?[6]

Zweitens: Was ist der Unterschied zwischen unseren natürlichen mathematischen Fähigkeiten und denen, die wir in der Schule lernen? Wenn wir tatsächlich über angeborene mathematische Fähigkeiten verfügen, die mindestens genauso eindrucksvoll sind wie die unserer Mitgeschöpfe, warum fällt uns dann Mathematik in der Schule so schwer? Warum können wir dann nicht einfach unsere angeborenen Fähigkeiten zur Hilfe nehmen? Oder können wir das etwa? Ist es möglich, die Art und Weise, wie wir Mathematik lernen, zu verbessern, indem wir einmal sorgfältig anschauen, wie andere Lebewesen ihre »natürliche Mathematik« betreiben? Gibt es Bereiche der Mathematik, die nur wenigen von uns vorbehalten bleiben müssen? Oder ist das nur eine Frage des Willens?

Ein Ansatzpunkt für die Untersuchung natürlicher mathematischer Fähigkeiten bei Tieren und Menschen ist die Art und Weise, wie Lebewesen sich in ihrer Umgebung orientieren. Jeder, der einmal versucht hat, nur mit Karte und Kompaß einen Weg in der freien Natur zu finden, weiß, daß man nicht sehr weit kommt – genauer, daß man wahrscheinlich nicht dorthin kommt, wohin man will –, wenn man nicht wenigstens einige Grundkenntnisse in elementarer Trigonometrie hat.

Um aber einmal einen wahren Orientierungsprofi kennenzulernen, beginnen wir die nächste Etappe unserer Reise in der Wüste von Nordafrika, wo wir einem bemerkenswerten Mathematiker begegnen werden, den ich Ahmed nennen möchte.

Ahmed, der Held einer Fachveröffentlichung der Wissenschaftler R. Wehner und M. V. Srinivasan aus dem Jahr 1981, lebt in der tunesischen Wüste am nördlichen Ende der Sahara. Er ist nie zur Schule gegangen und hat sein ganzes Wissen durch Erfahrung gelernt. Jeden Tag bricht Ahmed von seiner Behausung in der Wüste auf und legt auf der Suche nach Nahrung große Entfernungen zurück. Dabei wandert er mal in diese, mal in jene Richtung und zieht so lange weiter, bis er etwas gefunden hat. Dann geschieht etwas Bemerkenswertes: Anstatt auf dem Weg zurück seinen Fußstapfen zu folgen – die in der Zwischenzeit ja schon vom Wüstenwind verweht sein könnten –, schlägt er den direkten Weg nach Hause ein, und zwar in gerader Linie. Dabei scheint er schon vorher bis auf ein paar Schritte genau zu wissen, wie weit er noch gehen muß.

Aufgrund von kulturellen und sprachlichen Problemen konnte Ahmed den Forschern nicht genau beschreiben, wie er diese bemerkenswerte Orientierungsleistung bewerkstelligt oder wie er sie erlernt hat. Die einzige bekannte Methode hierzu ist unter der Bezeichnung »Koppelnavigation« bekannt.[7] Dabei bewegt sich ein Wanderer oder Seefahrer stets in geraden Linien vorwärts und biegt gelegentlich ab, wobei er immer peinlich genau die Richtung festhält, in die er sich bewegt, und ebenso seine Geschwindigkeit und die Zeit, die seit dem letzten Richtungswechsel oder dem Start vergangen ist. Aus der Kenntnis der Geschwindigkeit und der Reisezeit kann der Reisende dann die genaue Entfernung berechnen, die er auf jedem geraden Teilstück seiner Reise zurückgelegt hat. Und wenn er den Startpunkt und die genaue Richtung jedes Teilstücks kennt, ist es möglich, daraus die exakte Position am Ende einer jeden Etappe zu ermitteln.

Die Koppelnavigation erfordert also die akkurate Anwendung von Arithmetik und Trigonometrie, verläßliche Methoden zur Bestimmung von Geschwindigkeit, Zeit und Richtung und natürlich sehr gute Aufzeichnungstechniken. Als Seeleute noch mit dieser Methode über die Weltmeere reisten, verwendeten sie Karten, Tabellen und verschiedene Meßinstrumente und natürlich eine Menge Mathematik. Nebenbei bemerkt: Der Hauptantrieb zur Entwicklung immer genauerer Uhren im 18. Jahrhundert war die Heraus- und die Anforderung, daß Seeleute mit Hilfe der Koppelnavigation über weite Strecken unbekannter See fuhren und möglichst genau navigieren mußten, um ihr Ziel nicht zu verfehlen, was früher sehr oft passiert war.

Die Koppelnavigation war aber nicht nur in längst vergangener Zeit eine wichtige Methode. Bevor das Satellitennavigationssystem GPS (global positioning system) Mitte der siebziger Jahre eingeführt wurde, nutzten Kapitäne und Piloten diese Methode bei ihren Fahrten um den Globus, und in den sechziger und siebziger Jahren des letzten Jahrhunderts bestimmten die NASA-Astronauten so den Weg ihrer Apollo-Raketen zum Mond und zurück. Ahmed verfügt jedoch über kein einziges dieser Hilfsmittel, wie es die Seeleute und Astronauten hatten. Wie gelingt ihm also diese Leistung? Dieser »Tunesier« ist ganz offensichtlich ein bemerkenswerter Typ.

In der Tat bemerkenswert! Denn Ahmed ist gerade einmal einen halben Zentimeter lang. Er ist auch kein Mensch, sondern eine Ameise, genauer gesagt, eine Tunesische Wüstenameise (*Catoglyphis fortis*). Tag für Tag wandert dieses kleine Wesen bis zu fünfzig Meter durch den Wüstensand, bis es auf die Überreste eines toten Insekts stößt, worauf es ein kleines Stück davon abbeißt und es auf dem schnellsten Weg zurück in sein Nest bugsiert – ein Loch mit einem Durchmesser von gerade einmal einem Millimeter. Wie meistert Ahmed die Navigation?

Viele Ameisenarten finden ihren Rückweg dadurch, daß sie Duftstoffe und chemische Spuren zurückverfolgen, die sie selbst oder andere Mitglieder ihrer Kolonie gelegt haben. Nicht so die Tunesische Wüstenameise. Die Beobachtungen von Wehner und Srinivasan, der beiden bereits erwähnten Wissenschaftler, lassen wenig Raum für Zweifel. Die einzige Methode, wie Ahmed diese tägliche Meisterleistung vollbringen kann, ist Koppelnavigation.

Die beiden Forscher machten ein Experiment. Sobald die Ameise ihr Futter gefunden hatte, setzten sie das Tier an eine andere Stelle. Auch von dieser Stelle aus schlug das Insekt nun genau die Richtung ein, die es von seiner *ursprünglichen* Position aus nach Hause gebracht hätte. Außerdem lief die Ameise genau die dazu erforderliche Strecke, blieb dann stehen und suchte verwundert nach ihrem Nest. Mit anderen Worten, sie kannte die genaue Richtung, die sie hätte einschlagen müssen, um nach Hause zu finden, und wußte genau, wie weit sie hätte laufen müssen, obwohl dieser schnurgerade Heimweg ein völlig anderer gewesen wäre als der Zickzackkurs auf ihrer Suche nach Nahrung.

Eine neuere Untersuchung[8] zeigte, daß die Wüstenameisen Entfernungen messen, indem sie ihre Schritte zählen. Zudem »kennen« sie ihre persönliche Schrittlänge und können so jede zurückgelegte Entfernung durch eine Multiplikation dieser Schrittlänge mit der Zahl der zurückgelegten Schritte berechnen.

Natürlich behauptet niemand, daß diese winzige Kreatur so multipliziert wie ein Mensch oder daß sie aufgrund einer ähnlichen bewußten Denkanstrengung zu ihrem Nest zurückfindet wie Neil Armstrong auf dem Mond zur Landekapsel von Apollo 11. Wie alle menschlichen Reisenden mußten auch die Apolloastronauten einmal lernen, wie sie ihre Meßinstrumente bedienen und die nötigen Berechnungen anstellen können. Die Tunesische Wüstenameise tut dagegen einfach das, was die

Natur ihr vorgibt – sie folgt ihren Instinkten; und diese sind das Ergebnis jahrtausendelanger Evolution.

In den Begrifflichkeiten heutiger Computertechnologie hat ihr die Evolution ein Gehirn verschafft, das einem hochspezialisierten Computer entspricht, bewährt über viele Generationen, um genau die Messungen und Berechnungen durchzuführen, die für die Koppelnavigation nötig sind. Ahmed muß dabei genausowenig über irgendeine dieser Messungen oder Berechnungen *nachdenken* wie wir über die einzelnen Muskelbewegungen, wenn wir laufen oder springen. Tatsächlich wissen wir bei unserer Ameise überhaupt nicht, ob sie überhaupt zu irgend etwas in der Lage ist, was wir als bewußte geistige Aktivität bezeichnen würden.

Aber bloß weil etwas leicht oder natürlich erscheint oder ohne bewußtes Nachdenken geschieht, heißt das nicht, daß es trivial ist. Schließlich ist es auch nach fünfzig Jahren intensiver Forschung im Computerwesen noch nicht gelungen, einen Roboter herzustellen, der so gut laufen kann, wie das ein kleines Kind schon ein paar Tage nach seinen ersten Schritten fertigbringt. Vielmehr ist erst aufgrund dieser Forschungen richtig klar geworden, wie kompliziert die mathematischen Grundlagen und die ingenieurtechnischen Anforderungen hinter dieser Leistung eigentlich sind. Nur wenige Menschen beherrschen diese Mathematik jemals – als bewußt durchgeführte Vorgänge –, geschweige denn ein Kind, das mit perfekter Körperkontrolle zum Lutscherstand im Supermarkt läuft. Die notwendigen Fähigkeiten für die Bewegungen des Laufens sind statt dessen im menschlichen Gehirn bereits fest »verdrahtet«

Genauso ist es bei der Tunesischen Wüstenameise. Ihr winziges Gehirn verfügt vielleicht nur über ein ebenso winziges Verhaltensrepertoire. Es kann vielleicht überhaupt nichts Neues lernen oder bewußt über seine eigene Existenz nachdenken. Aber eines kann es äußerst gut – soweit wir wissen sogar besser als das menschliche Gehirn ohne weitere Hilfsmittel –, nämlich die ganz speziellen mathematischen Berechnungen durchführen, die wir Menschen Koppelnavigation nennen. Diese Fähigkeit macht aus der Wüstenameise natürlich noch keinen »Mathematiker«. Aber diese eine Rechenleistung ist ausreichend, um das Überleben der Ameise zu sichern. Und genau so funktioniert die natürliche Auslese der Evolution.

Den gleichen Trick brachte die Natur auch einem anderen Lebewesen bei, das wir normalerweise nicht für so intelligent halten: der Languste.

Haben Sie Heißhunger auf Langusten?

Ich kenne Leute, die kein Fleisch essen, weil dafür Tiere getötet werden müssen, aber trotzdem Meeresfrüchte mögen. Ganz besonders mögen einige die köstliche Languste. Schauen Sie sich dieses Tier doch nur einmal an. Können Sie sich etwas Primitiveres vorstellen, irgendein Wesen, bei dem es noch unwahrscheinlicher ist, daß es einen bewußten Sinn für seine eigene Existenz besitzt? Nun, wenn Sie das nächste Mal vor Ihrer Languste sitzen, bedenken Sie einmal folgendes: Sie werden jetzt Ihre Gabel in einen der vollendetsten Orientierungskünstler im Tierreich stechen. Denn es ist eine Tatsache, daß die gemeine Languste über ein Orientierungssystem verfügt, bei dem die Menschen nur mit Hilfe der neuesten, höchstentwickelten GPS-Systeme mithalten können, jener superteuren Technik, die Satelliten, also die exaktesten jemals entwickelten Zeitmeßsysteme, gigantische Computerkapazitäten und jede Menge höherer Mathematik benötigt – jene Technik, die 1974 noch in den Kinderschuhen steckte und tatsächlich erst 1994 ihre Vollendung erreichte.

Was die Menschen nur mit Hilfe von Mathematik und Technik bewerkstelligen, gelingt der Languste durch ihre Fähigkeit, das Magnetfeld der Erde wahrzunehmen – nicht nur in dem Sinn, daß sie den magnetischen Nord- und Südpol feststellen kann; das Orientierungssystem der Languste ist sehr viel raffinierter. Das Magnetfeld der Erde ist nämlich von Ort zu Ort leicht unterschiedlich und verändert sich in seiner Ausrichtung und Intensität. Anscheinend kann die Languste gerade anhand dieser Unterschiede genau erkennen, wo sie sich befindet. Dies wurde erst vor wenigen Jahren entdeckt, und zwar durch den Meeresbiologen Ken Lohmann von der University of North Carolina und seinen Doktoranden Larry Boles.[9]

Boles untersuchte sechs Jahre lang die Karibische Languste (*Panulirus argus*) in den Gewässern um die Florida Keys, bevor er von ihrem faszinierenden Orientierungssystem überzeugt war. Bei seinen Experimenten versuchte er mit allen möglichen Kniffen, die Tiere zu verwirren. Er zog sie aus dem Meer, setzte sie in einen lichtundurchlässigen Plastikbehälter und fuhr mit ihnen in seinem Boot immer wieder im Kreis herum. Dann brachte er den Behälter an Land, fuhr ihn auf der Ladefläche seines Pritschenwagens spazieren, stellte ihn in die Nähe starker Magneten, um das Magnetfeld der Erde abzulenken, und ließ ihn schließlich an einer anderen Stelle als zuvor wieder auf den Meeresboden ab.

Kaum waren die Langusten freigelassen, machten sie sich schnurstracks auf den Weg nach Hause. Das funktionierte sogar, als Boles ihnen die Augen mit Gummikappen verhüllt hatte, so daß sie sich nicht mit Hilfe des Sonnenlichts orientieren konnten. Um aber vollkommen sicherzugehen, setzte Boles einige Langusten in einen Seewassertank in seinem Labor und erzeugte dort ein künstliches Magnetfeld, das das Magnetfeld der Erde imitierte. Und jetzt bewegten sich die Langusten in genau die Richtung, die sie auch hätten einschlagen müssen, um in der Natur nach Hause zu kommen.

Die Forscher vermuten, daß den Langusten bei der Orientierung kleine Magnetit-Partikel helfen, ein Eisenoxid, das sich in zwei Nervengewebebereichen im Vorderteil des Tieres befindet. Aber wie auch immer der Mechanismus genau aussieht – haben Sie immer noch Lust auf eine Languste zum Abendessen?

Die Überflieger – mathematische Geheimnisse des Vogelflugs

Schauen wir jetzt vom Meeresgrund in den Himmel. Dort zeigen Vögel ein weiteres bemerkenswertes Beispiel für Orientierungssinn. Jedes Jahr wandern Millionen Zugvögel Tausende Kilometer von ihren Sommer- zu den Winterstandorten und zurück. Woher wissen sie, in welche Richtung sie fliegen müssen? Es gibt zwar mehrere Möglichkeiten, aber für die meisten sind anscheinend mathematische Berechnungsmethoden erforderlich, die für die meisten Menschen eine Herausforderung wären. Angenommen, der Durchschnittsvogel ist auch nicht gerade ein Mathegenie – wie schaffen diese Tiere das?

Stellen wir die Frage andersherum: Warum braucht der Pilot einer Boeing 747 ein ganzes Arsenal von Landkarten, Computern, Radar, Peilstationen und GPS-Navigationssignalen – für die allesamt jede Menge raffinierter mathematischer Kenntnisse erforderlich sind –, um das gleiche zu leisten, wozu ein kleiner Vogel anscheinend mühelos in der Lage ist, nämlich von A nach B zu fliegen?

Um Ihnen einen Eindruck zu vermitteln, um welche Entfernungen es sich dabei handeln kann: Küstenseeschwalben fliegen alljährlich einen Rundkurs von bis zu 35 000 Kilometern, von der Arktis zur Antarktis und zurück. Auf dem Flug nach Süden legen sie regelmäßig eine Pause an der Bay of Fundy ein, fliegen in einem anstrengenden dreitägigen Nonstopflug ohne jeden Orientierungspunkt über den eintönigen Atlantik und dann die gesamte Westküste Afrikas entlang. Zurück fliegen sie eine andere Strecke, nämlich entlang der Ostküste von Süd- und Nordamerika. Auch andere Seevögel unternehmen erstaunlich weite Reisen. So fliegt die Falkenraubmöwe 8000 bis 14 000 Kilometer pro Strecke, Kanada- und Schneekraniche jeweils bis zu 4000 Kilometer pro Jahr und die Rauchschwalbe über 6000 Kilometer jährlich.

Einige dieser Globetrotter können auch sehr hoch fliegen. Streifengänse wurden über dem Himalaya schon in 8700 Metern Höhe gesichtet. Auch andere Vogelarten fliegen über 6 Kilometer hoch, darunter der Singschwan, die Pfuhlschnepfe und die Stockente. Aus Radaruntersuchungen konnten Forscher ableiten, daß auch Vögel – ähnlich wie die Piloten von Langstreckenjets ihre Flughöhe verändern, weil sie Gegenwind vermeiden oder im Jet-Stream schneller fliegen wollen – ihre Flughöhen verändern, um die besten Windbedingungen auszunutzen. Die meisten Vögel fliegen in niedrigen Höhen, wo sie nicht mit Gegenwind kämpfen müssen, weil Hügel, Bäume und Gebäude den Wind abbremsen. Um mit dem Wind zu fliegen, steigen sie dann so hoch wie möglich, wo der Wind mit hoher Geschwindigkeit weht. Wie aber orientieren sie sich dabei? Die Wissenschaft hat noch einen weiten Weg vor sich, bevor der Orientierungssinn der Vögel völlig geklärt ist. Die heute vorliegenden Hinweise lassen jedoch vermuten, daß die Tiere dabei eine Kombination von verschiedenen Methoden verwenden.

Erstens nutzen Vögel optische Signale. Viele Tiere prägen sich ihre Umgebung ein, um sich zurechtzufinden. Sie merken sich das Aussehen von Gebirgsketten, Küstenlinien oder anderen geographischen Eigenheiten auf ihrer Route, wo Flüsse und Ströme liegen, sowie auffällige Einzelobjekte. Auf diese Weise finden Vögel zum Beispiel ihr Nest wieder, aber es ist eher unwahrscheinlich, daß sie sich so auch auf Langstrecken orientieren. Und diese Methode kann auch nicht bei Flügen über große Wasserflächen oder bei Nacht funktionieren, beides nichts Ungewöhnliches für viele Vögel.

Andere Methoden hängen davon ab, die Richtung des Nordpols zu bestimmen. Menschen verwenden dazu einen Kompaß oder nutzen den Sonnenstand. Doch jeder Seemann oder Wanderer wird bestätigen können, daß das Wissen, wo Norden ist, noch nicht zur Orientierung ausreicht. Man muß auch die Richtung kennen, in die man sich im Bezug auf Norden fortbewegen will. Hierzu benötigen Menschen neben einem Kompaß oder der Sonne auch noch eine Landkarte und Grundkenntnisse in Arithmetik, Geometrie und Trigonometrie. Wie machen das Vögel?

Beginnen wir also mit dem Grundproblem der Orientierung: Wie wissen Vögel, in welcher Richtung Norden ist? Eine Möglichkeit, das herauszufinden, ist der Sonnenstand. Viele Vögel – und andere Lebewesen wie etwa die Honigbiene – benutzen nachweislich die Sonne zur Bestimmung des Nordens. Doch das ist nicht so einfach, wie es auf den ersten Blick scheint, denn die Sonne verändert ständig ihre Position am Himmel, und sogar das Muster dieser täglichen Veränderungen wechselt mit den Jahreszeiten. Um die Sonne zur Bestimmung des Nordens zu verwenden, muß man wissen, an welcher Stelle des Himmels sich die Sonne zu jedem Zeitpunkt des Tages an genau jenem Datum befindet, an dem die Reise stattfinden soll. Für einen menschlichen Reisenden ist allein hierfür die Beherrschung der Trigonometrie erforderlich, und das zusätzlich zu den mathematischen Kenntnissen, die an sich schon notwendig sind, um aus dem Sonnenstand die Reiseroute abzuleiten.

Für Vögel, die sich an der Sonne orientieren, stellt sich natürlich noch ein weiteres Problem: Was tun sie dann nachts? Viele Vögel fliegen bei Nacht und auch bei wolkenverhangenem Himmel; daher orientieren sie sich sicher nicht nur an der Sonne.

Eine Möglichkeit der Orientierung bei Nacht ist, die Polarisation des Mondlichts erkennen zu können. Obwohl das Mondlicht sehr viel schwächer als das Licht der Sonne ist, wäre das eine Möglichkeit, einen entsprechenden Wahrnehmungsapparat vorausgesetzt. Eine Tierart, von der wir sicher wissen, daß sie sich dieser Orientierungsmethode bedient, ist der Mistkäfer. In einer Veröffentlichung der Fachzeitschrift *Nature* aus dem Jahr 2003 beschrieb eine Gruppe von Forschern aus Schweden und Südafrika, wie Mistkäfer polarisiertes Mondlicht für ihre Orientierung bei Nacht nutzen.[10] Setzt man einen Filter für polarisiertes Licht zwischen den Mistkäfer und den Mond, verliert das arme

Geschöpf sofort vollkommen seine Orientierung und läuft nur noch im Kreis, während es doch noch einen Augenblick zuvor zielstrebig in Richtung des köstlichen Dunghaufens gekrabbelt ist, den es noch von einem früheren Besuch dort kannte. Die Orientierung mit Hilfe des Mondlichts ist natürlich nur in wolkenlosen Nächten und nicht bei Neumond möglich.

Eine weitere Orientierungsmethode funktioniert bei Tag und bei Nacht und ganz gleich, ob es wolkig ist oder nicht – die Verwendung des Magnetfelds der Erde. Genau dies tun wir natürlich selbst, wenn wir uns nach einem Kompaß richten. Einige Vögel nutzen eine ähnliche Methode. So befindet sich etwa im Schädel einer Brieftaube eine kleine Ansammlung von magnetischen Partikeln, wodurch der Vogel einen eigenen Kompaß im Kopf hat. Forscher befestigten am Kopf einiger Versuchstiere kleine Magneten und konnten nachweisen, daß sich Brieftauben am Erdmagnetfeld orientieren. Die angebrachten Magnete störten das Magnetfeld um die Tiere herum, und sie kamen vom Kurs ab. Kurz: Die Vögel dachten dann wohl, überall sei Norden.

Auch mit Hilfe der Sterne kann man sich nachts orientieren. Diese Methode verwendeten Seeleute in früheren Zeiten. Von mindestens einer Vogelart – dem Indigofink – weiß man sicher, daß er sich mit Hilfe der Sterne orientiert, und man vermutet allgemein, daß alle Vogelarten diese Möglichkeit nutzen. Anscheinend betrachten sie schon als Küken im Nest aufmerksam den Nachthimmel. Vor einigen Jahren ergab eine Untersuchung, daß Indigofinkenküken auf der nördlichen Erdhalbkugel beobachten, wie die Sterne in der Nacht scheinbar um den Polarstern kreisen, jenen Stern, der für Bewohner der nördlichen Hemispäre im Norden steht. Die Wissenschaftler spekulierten, wenn die Vögel den Polarstern ausmachen könnten, könnten sie mit Hilfe dieses Sterns auch die Richtung Norden bestimmen. Um diese Hypothese zu überprüfen, ließen sie Vögel innerhalb eines Planetariums fliegen, an dessen Kuppel ein natürlicher Nachthimmel projiziert wurde. Aufgrund des Flugverhaltens schlossen die Forscher, daß die Vögel auf die Bewegung der Sterne reagierten. Als die Forscher die Versuchsanordnung so veränderten, daß sich die anderen Sterne am Planetariums-Nachthimmel nicht mehr um den Polarstern, sondern um den Stern Beteigeuze drehten, verhielten sich die Vögel nach einer Weile so, als wäre tatsächlich der Beteigeuze der neue Polarstern, der den Norden anzeigt. Um den Polarstern kümmerten sie sich nicht mehr. Daraus konnten die Forscher schließen, daß sich die Vögel nicht nach bestimmten Sternbildern orientierten, sondern nach der Bewegung der Sterne um ein Zentrum. Für die Vögel war »Norden« dort, wo ein einzelner Stern am Nachthimmel von allen anderen umkreist wurde.

Tatsächlich scheinen Vögel ihre Fähigkeit, den Nachthimmel zu analysieren, dazu zu nutzen, ein anderes Problem im Zusammenhang mit der Verwendung des Erdmagnetfelds zur Orientierung zu lösen: Sie eichen damit ihren eingebauten Kompaß. Der magnetische Nordpol der Erde befindet sich nämlich nicht genau an der gleichen Stelle wie der geographische. Vielmehr sind beide zur Zeit etwa 1600 Kilometer voneinander entfernt. Das bedeutet, daß Zugvögel, die von Nordalaska aus losfliegen und sich nach dem Magnetfeld nach Süden orientieren würden, tatsächlich leicht westlich flögen! Daher müssen Vögel auf langen Strecken ihren inneren Kompaß ständig neu einstellen, was sie beispielsweise bei Ruhepausen auf ihrer Flugstrecke tun. Wenn ihnen das während ihrer Rast nicht gelingt, dann verirren sie sich.

Eine andere Methode zum Eichen des inneren Kompasses wurde erst 2004 entdeckt, als ein Forscherteam nachweisen konnte, daß eine bestimmte Drosselart jeden Abend einen Abgleich mit dem Stand der untergehenden Sonne durchführt.[11] Um diese Theorie zu erhärten, versahen die Forscher die Tiere mit kleinen Sendern, um den Flug verfolgen zu können. Am Abend setzten sie die Vögel während der Zeit des Sonnenuntergangs einem Magnetfeld aus, das stärker als das Magnetfeld der Erde war und in eine andere Richtung wies. Prompt starteten die Vögel am nächsten Morgen in eine falsche Richtung – in die Richtung nämlich, die ihnen das künstliche Magnetfeld vorgegeben hatte. Am nächsten Abend konnten die Tiere den Abgleich zwischen Magnetfeld und Sonnenstand ungestört durchführen, und schon am Morgen darauf flogen sie wieder in die richtige Richtung weiter.

Welche dieser Methoden Langstreckenflieger wie Zugvögel auch immer anwenden, selbst das einfache Nachjustieren des inneren Kompasses ist schon knifflig genug, um einen Mathematikstudenten auf dem College in Atem zu halten. Auch die Orientierung anhand der Sternbilder am Nachthimmel ist nicht ganz so einfach: Wenn Vögel nach Norden oder Süden ziehen, verändern sich die Sternbilder ständig, und es tauchen immer neue am Horizont auf. Auch damit kämen wir Menschen nur mit Hilfe von mathematischen Methoden zurecht.

Und noch eine Orientierungsmethode: Vögel erkennen Polarisierungsmuster des Sonnenlichts. Wenn die Sonnenstrahlen durch die Atmosphäre dringen, passieren nur Lichtwellen mit speziellen physikalischen Eigenschaften, während andere zurückgehalten werden. Durch diesen Filtereffekt entsteht sogenanntes »polarisiertes Licht«. Wir Menschen können diesen Polarisierungseffekt gelegentlich beobachten, wenn wir bei Sonnenuntergang in den Himmel blicken. Offenbar können manche Vögel abgestuftes bzw. fast vollkommen polarisiertes Licht an den Polen von dem fast unpolarisierten Licht in der Nähe der Sonne erkennen, wodurch sie über einen riesigen Kompaß am Himmel verfügen. Auch Honigbienen scheinen sich an trüben Tagen, wenn die Sonne nicht zu sehen ist, mit Hilfe von polarisiertem Licht zu orientieren. Alles, was sie brauchen, ist eine kleine Lücke zwischen den Wolken, die Sonnenstrahlen hindurchläßt, und der dadurch entstehende Polarisierungseffekt zeigt ihnen den Weg.

Welche Methode auch immer Vögel zur Orientierung nutzen – das Wissen, wo man ist, ist nur ein Teil der Reise. Man muß auch wissen, wohin man will. Und in unbekanntem Gelände brauchen hierzu zumindest wir Menschen Kenntnisse der Trigonometrie. Wie stellen die Vögel das an?

Und nicht nur Vögel sind zur Orientierung fähig. Auch viele Meeresbewohner legen weite Strecken zurück. So wandern zum Beispiel Lachse zielgerichtet über viele tausend Kilometer durch den Ozean, der anscheinend keinerlei Orientierungspunkte bietet. Studien haben ergeben, daß diese Fische sich hauptsächlich bei Tag am Sonnenlicht und bei Nacht an den Sternen orientieren. Wenn bei Dunkelheit auch die Sterne durch Wolken verdeckt sind, nutzen sie das Magnetfeld der Erde. Um das zu beweisen, setzten die Forscher Lachse in einen großen Tank, um den herum Magnete angebracht waren, die das Erdmagnetfeld überwinden und seine Richtung ändern konnten. Solange die Sonne sichtbar war, bewirkte ein Wechsel des Magnetfelds von der natürlichen Nord-Süd-Richtung zu einer künstlichen Ost-West-Richtung keine Verhaltensänderung bei den Lachsen: Sie schwammen weiter nach Süden. Bei bewölktem Himmel aber richteten sich die Fische nach dem künstlichen Magnetfeld. Ähnliche Experimente ergaben, daß Wale und Meeresschildkröten sich ebenfalls mit einer Kombination von Himmelsbeobachtung und Erdmagnetfeld orientieren.

Und dann gibt es ja noch dieses faszinierende nordamerikanische Spektakel, das jedes Jahr vom Monarchfalter veranstaltet wird. Dieses leuchtend orangefarbene Insekt ist während der Sommermonate ein vertrauter Anblick in den Gärten überall in den Vereinigten Staaten und Kanada. Jedes Jahr im September brechen sämtliche Tiere dieser Art – es mögen 100 Millionen sein – auf eine zweieinhalb Monate lange Reise in ihr Winterquartier auf, eine einzige, etwa zwölf Hektar große Fläche von Bergfichten im mexikanischen Bundesstaat Michoacán, westlich von Mexiko-Stadt. Keiner dieser herbstlichen Wanderer war jemals zuvor dort. Sie sind die Nachkommen in der dritten oder vierten Generation ihrer längst nicht mehr lebenden Vorfahren, die die lange Reise in den Norden im Frühjahr des gleichen Jahres angetreten hatten. Und doch schaffen es alle, oder doch die Mehrheit von ihnen, den Weg in das Winterquartier dieser Spezies zu finden, das über 3000 Kilometer entfernt liegt. Erst allmählich finden Wissenschaftler heraus, wie die kleinen Falter diese scheinbar wundersame Meisterleistung vollbringen.

Wir wissen, daß sie sich hauptsächlich mit Hilfe der Sonne orientieren. Wir wissen auch, daß sie ultraviolettes Licht wahrnehmen können und daher nicht auf einen wolkenlosen Himmel angewiesen sind. Monarchfalter beispielsweise unterbrechen sofort ihren Flug, wenn sie bei hellem Sonnenschein unter einen Filter geraten, der das für Menschen sichtbare Licht durchläßt, nicht aber ultraviolettes Licht. Doch die Orientierung an der Sonne erfordert die Kenntnis der Tageszeit. Daher vermutete man schon lange, daß die Falter auch über eine Art »innere Uhr« verfügen müssen. Dies konnte im Frühjahr 2003 von einem Forscherteam unter der Leitung von Steven M. Reppert von der University of Massachusetts Medical School nachgewiesen werden.[12] Wie die meisten Lebewesen reguliert auch der Monarchfalter seine täglichen Aktivitäten mit Hilfe einer sogenannten »zirkadianen Uhr«. Der Begriff »zirkadian« kommt vom lateinischen *circa diem* und bedeutet »ungefähr ein Tag«. Diese natürliche Uhr ist über kurze Zeiträume recht präzise, muß aber regelmäßig »nachjustiert« werden, damit die wechselnden Tages- und Nachtlängen der verschiedenen Jahreszeiten berücksichtigt sind. Eine Störung des Zirkadianrhythmus löst ja auch bei Menschen nach einem Flug durch verschiedene Zeitzonen die unangenehmen Begleiterscheinungen des Jetlag aus.

Um die Rolle der Zirkadianuhr beim Monarchfalter zu testen, setzten Reppert und seine Arbeitsgruppe mehrere Schmetterlinge in ein Laborgehege, in dem durch künstliche Beleuchtung die für Anfang September typischen Lichtverhältnisse herrschten, nämlich zwölf Stunden Tageslicht von 7 bis 19 Uhr, gefolgt von zwölf Stunden Nacht. Wenn die Tiere dann am Morgen freigelassen wurden, richteten sie ihre Flugbahn so aus, daß die Sonne von links schien – also genau in die Richtung, die sie in dieser Jahreszeit einschlagen mußten, um nach Mexiko zu gelangen. Eine zweite Gruppe von Faltern wurde an einen Tageszeitenrhythmus gewöhnt, bei dem die künstliche »Sonne« von 1 Uhr nachts bis 13 Uhr nachmittags schien. Dann wurden diese Tiere ebenfalls vormittags freigelassen. Ihre innere Uhr war jedoch zu diesem Zeitpunkt auf »Nachmittag« eingestellt. Und tatsächlich richteten sie ihre Flugrichtung so aus, daß die Sonne für sie *von rechts* schien – genau die richtige Strategie, wenn sie tatsächlich nachmittags hätten nach Mexiko aufbrechen wollen. Eine dritte Gruppe lebte eine Woche lang bei Dauerlicht. Dadurch wurde ihr zirkadianer Rhythmus unterbrochen. Als man diese Schmetterlinge freiließ, flogen sie direkt auf die Sonne zu.

Natürlich gilt für Monarchfalter ebenso wie für Vögel, daß die Positionierung zur Sonne unter Berücksichtigung von Jahres- und Tageszeit selbst angesichts der offensichtlichen Genauigkeit nur ein Teil des Problems der Orientierung löst. Auch für die Schmetterlinge bleiben Schwierigkeiten, die die Menschen mit Hilfe von Trigonometrie lösen. Der Insektenforscher Orley »Chip« Taylor von der University of Kansas, ein Mitarbeiter der Monarchfalter-Gruppe, meint hierzu: »Navigation bedeutet, auf direkter Route auf ein unsichtbares Ziel zuzufliegen. Ein Monarchfalter aus Texas muß direkt nach Süden fliegen, um in sein Winterquartier nach Mexiko zu kommen, ein Falter auf der gleichen geographischen Breite, aber aus Georgia, muß statt dessen 50 Grad nach Südwesten fliegen. Jetzt erklären Sie mir einmal, wie das funktioniert.«

Vögel, Lachse, Wale, Meeresschildkröten, Monarchfalter, Langusten, sogar Mistkäfer – die Natur hat all diese und viele andere Lebewesen, die große Entfernungen zurücklegen, mit der Fähigkeit ausgestattet, oft über viele tausend Kilometer hinweg sicher an ihr Ziel zu gelangen. Eingebaute Kompasse, die Fähigkeit, das Magnetfeld der Erde zu erkennen, und Augen, die polarisiertes oder ultraviolettes Licht erkennen, sind ein Teil dieser Geschichte, aber auch nur ein Teil. Zu einer präzisen Navigation gehört auch ein Gehirn, das diese Positions- und Orientierungsinformationen verarbeiteten und sie mit den Jahreszeiten und einer inneren Uhr in Verbindung setzen kann, um daraus in jedem Moment der Reise die Richtung zu bestimmen, in die schließlich geflogen, gelaufen oder geschwommen werden soll.

Wie die Tunesische Wüstenameise oder die Languste tun wahrscheinlich auch alle anderen dieser Lebewesen nichts anderes, als ihren Instinkten zu folgen. Doch wenn wir Menschen herausfinden wollen, wie sie das anstellen, dann müssen wir zur Mathematik greifen. Die einzige Möglichkeit, mit der wir die Leistung eines Zugvogels oder eines wandernden Fisches beschreiben können, ist, daß wir sagen, das Gehirn dieser Tiere habe sich im Verlauf der Evolution so verändert, daß es die *trigonometrischen Berechnungen* durchführen kann, um mit Hilfe des Sonnenstandes oder des Polarsterns den Norden zu bestimmen und auf dieser Grundlage eine Bewegungsrichtung festzulegen. Weil das menschliche Gehirn diese Fähigkeit nicht hat – zumindest wird sie uns nicht bewußt –, können menschliche Reisende nicht genauso vorgehen. Wir haben keine andere Alternative als »die mathematische Methode«, um an unser Ziel zu gelangen – oder uns bestimmter Gerätschaften zu bedienen, die dafür erdacht und gebaut wurden, um für uns die nötigen Berechnungen durchzuführen.

Natürlich mag der Begriff »Vogel-« oder »Spatzenhirn« unter normalen Umständen passen, um einen Zeitgenossen mit eingeschränkten geistigen Fähigkeiten zu charakterisieren. Aber wenn es um Navigation geht, dann lassen uns diese Tiere zweifellos weit hinter sich. Sie und ebenso alle anderen wandernden Tiere haben wie die Tunesische Wüstenameise das volle Mitgliedsrecht im Club der natürlichen Mathematiker. Zwei weitere Mitglieder in diesem Verein wenden ebenfalls Mathematik an, um an ihr Ziel zu kommen: Fledermäuse und Eulen. Sie jedoch nutzen die Mathematik für einen ganz anderen Zweck: zum Töten. Und das können sie mindestens ebenso effizient wie die allerneuesten Lenkraketen.

Mit den Ohren »sehen« können – oder unterwegs mit Fledermäusen

Wieviel wissen Sie über Fledermäuse? Welche der folgenden Aussagen sind richtig, welche falsch?

1. Fledermäuse sind keine Vögel; sie sind die einzigen fliegenden Säugetiere.
2. Fledermäuse leben überall auf der Welt außer in Wüsten- und Polarregionen.
3. Man kennt über 1000 Fledermausarten.
4. Fledermausflügel sind hochbewegliche Hände mit langen Fingern, zwischen denen sich eine dünne Membran, die Flughaut, spannt.
5. Die Fledermaus kann mit ihren Flügeln ein Insekt fangen.
6. Fledermäuse können in der Luft schweben wie Kolibris.
7. Fledermäuse gehören zu den effizientesten Insektenfressern in der Natur. Die winzige Mausohrfledermaus,

Abbildung 4.1: *Eine der in Nordamerika häufig vorkommenden Fledermäuse.*

die überall in Nordamerika vorkommt, frißt bis zu 7000 Schnaken pro Nacht.

8. Entgegen der populären englischen Redewendung »Blind wie eine Fledermaus« (Blind as a bat) können Fledermäuse hervorragend sehen.

9. Die oft gehörte Behauptung, Fledermäuse betrachteten die Frisur einer Frau als Beute und verfingen sich darin, ist ein Mythos.

10. Der Glaube, sogenannte Vampirfledermäuse würden menschliches Blut saugen, ist ein Mythos.

11. Fledermäuse nutzen ein Echolotsystem zur Orientierung und zur nächtlichen Jagd, das weit präziser arbeitet als irgendein von Menschenhand geschaffenes System und das sogar gestandenen Ingenieuren als Vorbild dient. Die US-Marine versuchte dieses System zu imitieren, um damit eine bessere Technik der Minenräumung zu entwickeln.

12. Mit ihrem Echolotsystem kann eine Fledermaus in stockdunkler Nacht einen Käfer fangen, der gerade von einem Grashalm springt.

13. Fledermäuse suchen ihre Beute sowohl in offenem Gelände als auch auf Bäumen und im Gebüsch.

14. Einige Roboteringenieure waren so beeindruckt von dem Fledermausradar, daß sie ihre Konstruktionen nicht mit Kameras, sondern mit Sonarsystemen überwachen, die dem Orientierungssystem der Fledermäuse nachempfunden sind.

15. Fledermäuse gehören zu den eindrucksvollsten Mathematikern der Natur.

Wie sieht's aus? Nun, alle 15 Aussagen sind richtig. Lassen Sie mich zu einigen davon noch ein paar Bemerkungen machen.

Als erstes sind Fledermäuse tatsächlich Säugetiere. Sie haben Zähne und ein Fell und bringen lebende Junge zur Welt, die sie mit Milch aufziehen.

»Blind wie eine Fledermaus«? Wohl kaum. Aussage 8 ist richtig: Fledermäuse können hervorragend sehen. Bei Tageslicht orientieren sie sich damit über längere Strecken. Dennoch sind sie überwiegend nachtaktiv – zu dieser Zeit gehen sie auf Beutezug – und verlassen sich dann auf ihr Echolot. Und dieses Echolot funktioniert so wunderbar, daß es eigentlich nicht überrascht, wenn viele Fledermäuse für blind halten.

Der Mythos aus Aussage 9 stammt vielleicht daher, daß sich einmal eine Fledermaus auf Insekten gestürzt hat, die vom Duft eines Parfüms oder eines Haarsprays auf der Frisur einer Dame angezogen wurden. Das Sonarsystem ist allerdings so genau, daß eine Fledermaus leicht feststellen kann, daß ein Mensch als Beutetier bei weitem zu groß ist. Obwohl sie sich einem Menschen durchaus nähern können, geht es in einem solchen Fall wirklich nur um die Insekten, und die Fledermaus dürfte bei ihrer Jagd wohl kaum das Haar der Dame auch nur berührt, geschweige denn sich darin verfangen haben.

In Frage 10 geht es um ein Thema, das Stoff zahlloser Hollywoodstreifen ist. Wie aber sieht es in Wirklichkeit aus? Es stimmt, daß die meisten Fledermäuse Fleischfresser sind, aber selbst die größten Arten greifen allenfalls Frösche, Eidechsen, Vögel, kleine Säugetiere und Fische an. Es gibt auch einige Fledermausarten, die vegetarisch leben und Früchte, Nektar und Pollen fressen. Die meisten Arten sind recht klein; die größte, der sogenannte Flughund, wiegt allerdings bis zu einem Kilo und kann eine Flügelspannweite von bis zu zwei Metern haben. Er ist jedoch ebenfalls kein Hollywood-Monster, sondern ernährt sich nur von Früchten, nicht von Blut. Der verrufene Gemeine Vampir, der in Mittel- und Südamerika lebt, saugt tatsächlich Blut, aber er ist ziemlich klein und greift höchstens Vögel und kleine Säugetiere an, niemals Menschen.

Der Irrtum, Fledermäuse suchten ihre Beute nur in offenem Gelände (Frage 13), könnte deswegen entstanden sein, weil man sie ohne moderne Nachtsichtgeräte in dichter Vegetation praktisch nicht beobachten kann. Daher wurden alle frühen Untersuchungen in offenem Gelände durchgeführt, wo man die Silhouetten der Fledermäuse gegen das Mondlicht beobachten konnte. Tatsächlich kann eine Fledermaus nachts auch ins Gebüsch fliegen, um dort zu jagen. Mit ihrem Echolot kann sie das Gewirr von Ästen und Blättern perfekt von möglichen Beutetieren unterscheiden.

Das Echolot der Fledermäuse ist sicher eines der großen Wunder der Natur. Im 18. Jahrhundert wurde spekuliert, Fledermäuse »sähen« mit ihren Ohren. Diese sind ja auch wirklich sehr groß. Doch erst sehr viel später wurde der wirkliche Mechanismus entdeckt: Fledermäuse stoßen hochfrequente Töne aus, schrille Piepser oder Schnalzlaute, die Menschen jedoch nicht hören können; sie hören das Echo, wenn die Töne auf ein Hindernis stoßen und von diesem reflektiert werden. Dies ist ein hocheffizienter Mechanismus, der den Tieren eine sichere Bewegung mit hoher Geschwindigkeit bei Nacht ermöglicht und es ihnen erlaubt, Hindernisse zu umfliegen – einschließlich anderer dahinrasender Fledermäuse – und im Flug Insekten zu fangen.

Obwohl wir nicht wissen können, wie man sich als Fledermaus fühlt, können wir uns dieses Echolotsystem vielleicht am besten so vorstellen, daß die Schallechos eine Art »Schall-Bild« unserer Umgebung erzeugen, das womöglich dem optischen Bild nicht ganz unähnlich ist, das wir erhalten, wenn das von Objekten reflektierte Licht unser Auge erreicht.

Dennoch ist das Echolotverfahren nicht das gleiche wie das Sehen. Es gibt wichtige Unterschiede. Wie wir in Kapitel 8 noch erfahren werden, gelangt beim Sehvorgang reflektiertes Licht von einem Objekt in unsere Augen und erzeugt dort ein zweidimensionales Bild auf der Netzhaut, das unser Gehirn dann als dreidimensionales Bild interpretiert. Natürlich erreicht das Licht aller Teile des Blickfelds gleichzeitig das Auge, aber die einzelnen Lichtstrahlen haben unterschiedliche Wellenlängen und Intensitäten, mit deren Hilfe das Gehirn ein »inneres Abbild«

konstruieren kann. Wenn eine Fledermaus Ultraschall-Wellen ausstößt, dann werden diese von jedem Objekt, auf das sie auftreffen, reflektiert. Dabei dauert es um so länger, bis das Echo zurückkommt, je weiter ein Objekt entfernt ist. Das heißt, anders als Licht erreichen die einzelnen Schallsignale die Ohren zeitversetzt. Es sind vor allem diese Zeitverzögerungen der einzelnen Echos, mit deren Hilfe das Fledermausgehirn ein »inneres Schall-Bild« der Umgebung errechnet.

Ein weiterer Unterschied zwischen dem Sehen und der akustischen Raumwahrnehmung besteht darin, daß das Auge über eine Linse verfügt, die die einfallenden Lichtstrahlen bündelt. Unsere optischen Sinneseindrücke sind dabei in erster Linie nach den Achsen Oben-Unten und Links-Rechts orientiert. Der Eindruck des räumlichen Sehens wird erst im Gehirn erzeugt, und zwar mit Hilfe weiterer Eigenschaften des gesehenen Lichts. Die akustische Raumwahrnehmung dagegen hat kein Gegenstück zur optischen Linse, und das »Schall-Bild« ist in erster Linie entlang einer Achse Vorne-Hinten orientiert, die im wesentlichen aufgrund von Zeitunterschieden beim Eintreffen der reflektierten Schallwellen entsteht.

Die Echolottechnik wird auch dazu genutzt, die Oberfläche von Gewässerböden zu kartographieren. Hierzu wird an der Unterseite eines Schiffes ein Lautsprecher angebracht, der elektronisch erzeugte Geräusche abgibt. Das Echo der vom Boden des Gewässers reflektierten Schallwellen wird registriert und die Zeit bis zu seinem Eintreffen gemessen. Mit Hilfe anspruchsvoller Computerprogramme wird aus der Summe aller Echos ein Oberflächenprofil des Gewässerbodens errechnet. Diese Programme sind nichts anderes als angewandte Mathematik. Auch Fledermausgehirne müssen diese Datenverarbeitungsschritte meistern, damit die Tiere sich orientieren und Beute fangen können.

Wie gut kann ein Echolot sein? Sind die Behauptungen in den Fragen 11, 12 und 13 wirklich wahr? Zugegeben, die Echolottechnik zur Bestimmug von Gewässerböden ist nicht besonders genau. So schwankt das Schiff während der Messungen immer ein wenig auf und ab. Aber zum Vermessen von Gewässerböden ist die Genauigkeit ausreichend. Echolotverfahren für militärische und wissenschaftliche Zwecke können wesentlich genauer sein. Aber auch sie sind nicht so präzise wie das der Fledermaus. Bei Laboruntersuchungen wurde festgestellt, daß Fledermäuse zwei überlappende Echos voneinander unterscheiden können, die in einem Abstand von nur zwei Millionstel Sekunden eintreffen. Damit können sie Objekte auseinanderhalten, die nur 0,3 Millimeter voneinander entfernt sind – ungefähr die Dicke eines Bleistiftstriches. Das ist erheblich besser als unser Auge und immer noch zwei- bis dreimal genauer als die besten vom Menschen gebauten Sonargeräte.

Schnurrbartfledermäuse – die aufgrund ihres Aussehens so benannt wurden (s. Abb. 4.2) – sind eine interessante und häufig untersuchte Art. Sie fangen Fluginsekten und andere Beutetiere mit Hilfe einer besonders raffinierten Form des Echolots.

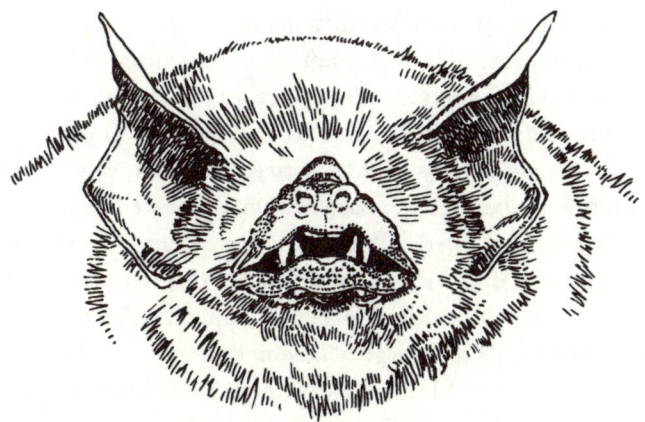

Abbildung 4.2: *Die Schnurrbartfledermaus. Ihr Ortungssystem auf Echolot-Basis ermöglicht es ihr, sich mit größerer Präzision auf ihre Beute zu stürzen als die modernsten Düsenjäger.*

Dabei werden zwei verschiedene Arten von Tönen ausgestoßen. Die einen haben eine konstante Frequenz. Dadurch kann nicht nur die Form der Umgebung bestimmt werden, sondern auch die Bewegung und Geschwindigkeit von Beutetieren. Hierzu wird der sogenannte »Doppler-Effekt« ausgenutzt. Mit diesem Begriff wird das Phänomen beschrieben, daß der Ton, der von einer sich bewegenden Schallquelle ausgeht, höher wird, wenn sie sich nähert, und tiefer, wenn sie sich vom Hörer entfernt. Im Alltag kennt man diesen Effekt, wenn ein Einsatzwagen mit eingeschaltetem Martinshorn vorbeifährt. Der Doppler-Effekt tritt übrigens nicht nur bei Schallwellen auf, sondern auch bei Licht, das ja ebenfalls aus verschiedenen Wellenlängen besteht. Daher können Astronomen mit Hilfe des Doppler-Effekts die Geschwindigkeit bestimmen, mit der sich fremde Sterne und Galaxien von uns wegbewegen.

Andererseits stößt die Schnurrbartfledermaus Töne mit variablen Frequenzen aus. Damit können die Tiere ganz besonders genau die Entfernung zu einem Objekt sowie weitere Details bestimmen. Mit diesem extrem ausgefeilten Echolotsystem können die Fledermäuse auch in dicht bewachsenen Regionen leben und dort inmitten der Vegetation auf Insektenjagd gehen. Das Verfahren selbst wird als »CF-FM-Echolot« *(constant frequency – frequency modulated)* bezeichnet.

Beim Erzeugen eines CF-FM-Schreis entstehen überdies auch bestimmte Tonharmonien. Da evolutionäre Entwicklungen meist einen sinnvollen Zweck erfüllen, ist die Annahme naheliegend, daß die Fledermäuse mit Hilfe dieser Harmonien noch weitere Informationen über ihre Umgebung ermitteln können. Laborexperimente haben gezeigt, daß ein bedeutsamer Anteil des Fledermausgehirns für die Verarbeitung dieser besonderen Harmonien zuständig ist. Weil in dem entsprechenden Frequenzbereich ein besonders akkurater Doppler-Effekt entsteht, vermuten einige Forscher, daß genau dies der Grund für die von den Fledermäusen produzierten Harmonien sein könnte.

Neben diesen eindrucksvollen natürlichen akustischen Empfangs- und Signalverarbeitungstechnologien müssen Fledermausgehirne auch noch äußerst komplizierte mathematische Operationen durchführen. Wie jeder weiß, der sich einmal damit beschäftigt hat, ist es eine mathematische Herausforderung, wie Astronomen anhand des Doppler-Effekts die Geschwindigkeit eines Objekts berechnen. Und die Berechnung dieses Dopplereffekts ist ja nur die eine Seite der Medaille. Bei ihrem rasenden Nachtflug kann die Schnurrbartfledermaus alles, was auch ein bestens ausgebildeter Düsenjägerpilot kann, und noch mehr. Sie kann das Terrain erkunden, Beute ausmachen und fangen, Richtung und Geschwindigkeit des Fluges der Beute ermitteln, ihre eigene Geschwindigkeit und Flugrichtung daran anpassen, vorausberechnen, wann und wo die Beute erreicht wird, und sicherstellen, daß sie auch gefangen wird. Mit Begriffen der Luftfahrt ausgedrückt, können Fledermäuse Geländeoberflächen und Entfernungen ausmachen sowie die Abmessungen, relative Geschwindigkeit und die Details der Flugbahn eines Zielobjekts berechnen. Damit können sie wesentlich mehr als millionenteure Lenkraketen und mehr als trainierte Kampfpiloten in einem Düsenjäger, der eine Milliarde Dollar kostet.

Weise Killer haben Augen zum Töten

Wenden wir uns jetzt den Eulen zu. Während Fledermäuse traditionell ein eher düsteres Image haben, gelten Eulen als Sinnbild der Weisheit. Ihre großen, unbeweglichen Augen, über denen dichte Augenbrauen stehen, lassen sie nachdenklich erscheinen. Tatsächlich sind Eulen aber geradezu superpräzise Killermaschinen mit einem Orientierungssystem, das, ebenso wie das der Fledermäuse, auf höchst komplexen mathematischen Grundlagen beruht.

Das erste, was einem bei einer Eule auffällt, sind die Augen. Sie sind riesig. Nehmen wir zum Beispiel den Virginia-Uhu, eine von 140 Uhu-Arten in Nordamerika. Wäre diese Eulenart so groß wie ein Mensch, hätten die Augen die Größe von Orangen. Diese Augen können soviel Licht aufnehmen, daß die Tiere auch bei minimaler Helligkeit noch sehen können. Dann ist da dieser starre Blick. Eulen können ihre Augen nicht bewegen, weder von rechts nach links noch nach oben oder unten. Statt dessen müssen sie immer den gesamten Kopf bewegen: Und deshalb erlaubt ihr Hals Drehungen von 270 Grad, also einem Dreiviertelkreis.

Mit Hilfe ihrer Augen und Ohren erkennt die Eule Gefahren und spürt ihre Beutetiere auf – darunter Kaninchen, Mäuse, Eichhörnchen, Spitzmäuse, Wiesel, Frösche, Schlangen, Fledermäuse, Käfer, Grashüpfer, Skorpione, Vögel, Enten, Moorhühner, Fasane, andere Eulen und gelegentlich sogar Hauskatzen. Ist die Beute erst einmal entdeckt, sind die Augen aber nicht mehr so wichtig. Zu einer effizienten Killermaschine wird die Eule erst durch ihr unglaubliches Hörvermögen. Anders als die Fledermaus, die Laute aussendet und die Echos registriert, orientiert

Abbildung 4.3: *Der Uhu, eine Eulenart – Symbol der Weisheit oder eine lautlose, tödliche Killermaschine?*

sich die Eule bei ihrem Sturzflug auf die Beute an den winzigen, kaum wahrnehmbaren Geräuschen, die die glücklosen Kreaturen selbst verursachen.

Das Hörvermögen der Eulen ist äußerst empfindlich und präzise. Diese dichten Augenbrauen, die Eulen immer als tief in Gedanken versunken erscheinen lassen, sind letztendlich Teile des Gesichtsgefieders, das wie geschaffen zu sein scheint, sämtliche Schallwellen in die Ohren zu leiten – wie die Parabolantenne eines Radioteleskops.

Betrachtet man die Ohren selbst genauer, bemerkt man, daß sie nicht wie beim Menschen symmetrisch an beiden Seiten des Kopfes angebracht sind, sondern etwas versetzt. Das rechte Ohr ist meistens größer als das linke, oft um mehr als die Hälfte, und sitzt höher am Kopf. Diese Anordnung trägt zur besonderen Präzision des Hörsinnes bei.

Die Technik, mit der die Eule die Position ihrer Beute bestimmt, bezeichnet man in der Mathematik als »Triangulation«. Mit Hilfe des Winkels zwischen den beiden Ohren, die beide auf die gleiche Schallquelle gerichtet sind, läßt sich die Entfernung zur Schallquelle ermitteln. Wie wir in Kapitel 8 noch sehen werden, führt unser Gehirn die gleichen Rechenschritte aus, um anhand des Blickwinkels zwischen unseren Augen Entfernungen zu Objekten zu bestimmen, die wir sehen. In beiden Fällen laufen diese Rechenschritte natürlich unbewußt als Funktionen von Nervenzellen ab. Es handelt sich um angeborene Fähigkeiten, die von der Eule bzw. dem Menschen im Laufe der Evolution erworben wurden. Bei der Entfernungsbestimmung über das Gehör kann eine Eule locker mit einem Spitzen-Tennisspieler mithalten, der hierzu seine Augen benutzt.

Durch die Asymmetrie ihrer Ohren kann die Eule auch die Bewegungen ihrer Beute besser erkennen. Das Schallbild, das ihr rechtes Ohr erreicht, ist stärker, weil die Ohrmuschel größer ist. Es erreicht dieses Ohr um einen im Vergleich zum linken Ohr um 10 bis 15 Grad versetzten Winkel, weil das Ohr etwas höher am

Kopf steht. Diese Unterschiede werden zur Positionsbestimmung der Beute ausgenutzt. Hierzu ist eine mathematische Leistung erforderlich, die auch gute Mathestudenten ins Schwitzen bringen könnte. Die Natur hat das Problem elegant gelöst: Die Eule dreht ihren Kopf so, daß sie das Geräusch auf beiden Ohren gleich gut hört, und fliegt dann genau in die Blickrichtung – direkt auf ihre Beute zu.

Das Beutetier dürfte wohl kaum mitbekommen, was da über es hereinbricht. Die Eule ist ein Wunderwerk der Aerodynamik. Ihre Federn sind so weich, daß sie fast vollkommen lautlos fliegen kann. An der Vorderseite sind die Federn gezackt, wodurch der Flugwind geräuschlos an der Kante vorbeigleitet. Dadurch gibt es nicht einmal ein Wirbelgeräusch, das ein Beutetier vor dem Angriff warnen könnte.

Eine der vier Klauen der Eulenkralle ist besonders gelenkig, so daß das Tier beim Fangen die Beute in einem Zangengriff mit zwei Klauen auf jeder Seite packen kann. Gefangene kleine Beutetiere verschlingt die Eule unzerteilt, größere zerreißt sie in Stücke.

Ähnlich wie die »blinde« Fledermaus ist die »weise« Eule ein Präzisionsjäger und -killer mit einem ausgeklügelten natürlichen Orientierungssystem, in dem viel »natürliche Mathematik« steckt. Und dieses System ermöglicht beiden, mit äußerster Präzision ihrer mörderischen Jagd nachzugehen.

Auch hier sehen wir wieder, daß die Natur einige unserer Mitgeschöpfe mit hochentwickelten Fähigkeiten versehen hat, die sie zu Leistungen befähigen, für die wir Menschen uns jahrelang mit Mathematik beschäftigen müssen; oder wir verlassen uns auf eine Technologie, die wiederum auf den mathematischen Anstrengungen anderer beruht.

5 Bienen, Meisterarchitektinnen der Natur, oder wer hat die beste und effizienteste Statik?

Bienen lösen ein 2000 Jahre altes Matheproblem

Lassen wir nun einmal für eine Weile die Navigation beiseite und beschäftigen uns mit Haus- und Wohnungsbau. Jeder, der einmal ein Haus oder einen Anbau an sein Haus gebaut hat, weiß, daß der erste Schritt dazu die Erstellung eines Bauplans ist – maßstabgerechte Präzisionszeichnungen, die Bauherren und Handwerkern zeigen, was gebaut werden soll. Zum Zeichnen von korrekten Bauplänen sind elementare Trigonometriekenntnisse erforderlich – wie das Messen von Längen und Winkeln. Das gleiche gilt für die eigentlichen Bauarbeiten. Ohne die mit Hilfe von Trigonometrie erreichbare Präzision geriete das Vorhaben schnell zu einem Debakel.

Aber wir Menschen sind nicht die einzigen Lebewesen, die Bauwerke errichten. Unter den Strukturen, die die verschiedensten Lebewesen zustande bringen, übertrifft in puncto geometrische Eleganz sicher keine die schöne, regelmäßige Sechseckform des Grundelements der Bienenwabe (siehe Abb. 5.1). Die Bienen nutzen diese großartigen architektonischen Kunstwerke, um darin ihren Honig zu speichern.

Schon der Geometer Pappus von Alexandria im Griechenland des 4. Jahrhunderts v. Chr. vermutete, ebenso wie viele andere nach ihm, die sechseckige (hexagonale) Form der Bienenwaben habe weniger mit einem angeborenen Schönheitssinn der Bienen zu tun, sondern sei vielmehr ein weiterer Beweis für die Effizienz der Natur. Man glaubte nämlich, die Konstruktionsweise auf der Basis eines regelmäßigen Sechsecks sei eine Bauform, für die am wenigsten Wachs erforderlich sei. Pappus selbst vermutete dies in seiner Abhandlung »Über die Klugheit der Bienen«. Diese Hypothese wurde als »Honigwaben-Vermutung« bekannt. Sie widerstand allen Beweisversuchen – bis ins Jahr 1999, als der Mathematiker Thomas Hales von der University of Michigan verkündete, ihm sei endlich die Lösung des Rätsels gelungen.

Erst als man Filmaufnahmen mit dem Makroobjektiv machen konnte, gelang es den Wissenschaftlern endgültig, herauszufinden, wie Bienen ihre Honigspeicher bauen. Das ist eine eindrucksvolle Ingenieurleistung höchster Präzision. Junge Arbeitsbienen scheiden Tröpfchen von warmem Wachs aus, jedes etwa so groß wie ein Stecknadelkopf. Andere Arbeiterinnen nehmen

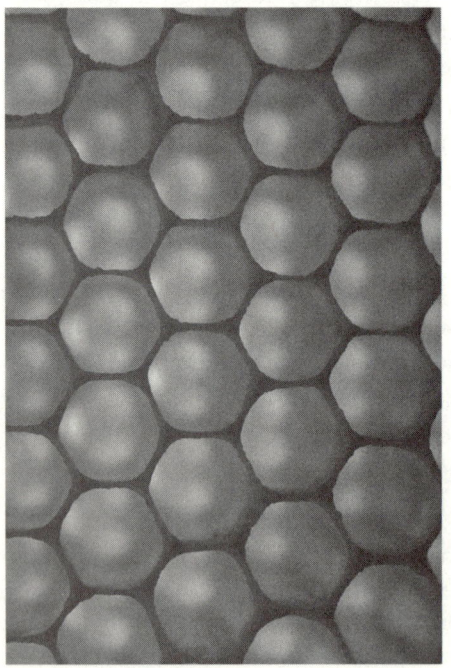

Abbildung 5.1:
Die Honigwabe. Die Präzision, mit der Bienen diesen optimal effizienten Speicher konstruieren, würde jeden Bauingenieur zufriedenstellen.

diese Wachsklümpchen auf und legen sie sorgfältig so ab, daß sie senkrechte, sechsseitige, zylindrische Kammern (oder Zellen) bilden. Jede einzelne Wachswand ist weniger als ein zehntel Millimeter dick – und zwar mit einer Genauigkeit von zwei Tausendstel Millimeter! Alle sechs Zellenwände haben exakt die gleiche Größe, und die Wände stoßen in einem Winkel von exakt 120 Grad aneinander. Damit bilden sie eine Form, die die Mathematiker ein »regelmäßiges Sechseck« oder »Hexagon« nennen, eine der »perfekten Figuren« der Geometrie.

Warum wählen die Bienen sechseckige Grundrisse? Warum stellen sie keine dreieckigen, quadratischen oder anders geformten Waben her? Warum haben die Zellen überhaupt gerade Wände? Schießlich könnten sie aus warmem Wachs auch gebogene Wände bauen.

Obwohl eine Bienenwabe ein dreidimensionales Objekt ist, hängt doch die Gesamtfläche der Wachswände nur vom Querschnitt der Zellen ab, weil die einzelnen Zellen an sich zylindrisch sind. Deshalb handelt es sich hier um ein Problem der zweidimensionalen Geometrie – jener Geometrie, die wir in der Schule lernen. Und daher reduziert sich das Problem letztlich darauf, ein zweidimensionales Muster zu finden, das endlos wiederholt werden kann, eine große, ebene Fläche bedecken kann – für Bienen ist dies ihr ganzer Bienenstock, für Mathematiker die Gesamtheit einer zweidimensionalen Fläche – und für das die Gesamtlänge aller Zellenumfänge so gering wie möglich ist. Und damit wird auch die Gesamtfläche der Wabenwände so klein wie möglich.

Einige Fakten fanden die Mathematiker mit Leichtigkeit heraus: So gibt es zum Beispiel nur drei Arten regelmäßiger Vielecke, die man so nebeneinander anordnen kann, daß sie eine Ebene lückenlos bedecken: gleichseitige Dreiecke, Quadrate und regelmäßige Sechsecke. Ein gleichseitiges Vieleck ist eine Figur mit geraden Begrenzungslinien, die alle die gleiche Länge haben und deren Winkel alle gleich sind. Jedes andere regelmäßige Vieleck würde bei der Gruppierung auf der Ebene Lücken hinterlassen. Von den drei in Frage kommenden Formen haben Quadrate einen kleineren Gesamtumfang als Dreiecke, und Sechsecke sind sogar noch besser als Quadrate.

Unter den Sechsecken haben die regelmäßigen, also solche mit gleich langen Seiten und Winkeln von 120 Grad, einen kleineren Umfang als unregelmäßige. Das weiß man schon seit vielen Jahrhunderten. Doch wenn man Kombinationen von allen möglichen Vielecken zuläßt oder Figuren mit nicht geraden Linien, dann wird die Sache schnell sehr viel komplizierter. Zu solchen allgemeineren Voraussetzungen konnte man bis 1943 relativ wenig sagen. Erst dann gelang es dem ungarischen Mathematiker L. Fejes Toth, mit seinem einfallsreichen Beweis zu zeigen, daß ein Muster aus regelmäßigen Sechsecken tatsächlich den kleinsten Gesamtumfang aller Muster jeder beliebigen Kombination aus Vielecken mit geraden Begrenzungslinien bildet (siehe Abb. 5.2).

Doch was ist, wenn die Kanten auch gebogen sein dürfen? Toth war der Ansicht, auch dann wäre das Muster aus regelmäßigen Sechsecken noch optimal, aber er konnte es nicht beweisen.

Wenn man nur eine einzige Zelle einer Wabe betrachtet, dann kann man in dieser natürlich mehr Honig speichern, wenn sich ihre Wände nach außen ausbauchen, als bei geraden Wänden.

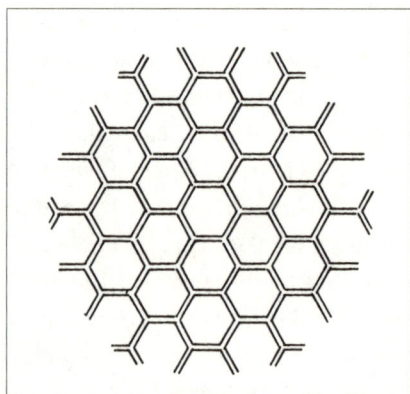

Abbildung 5.2:
Mathematiker konnten beweisen, daß die Form, die die geringste Menge an Wachs braucht, um in ihr eine bestimmte Menge Honig zu speichern, das Muster ist, das durch das Aneinanderlegen regelmäßiger Sechsecke entsteht.

Wenn aber einzelne Zellen zu einer Wabe zusammengelagert werden, dann bedeutet eine Ausbuchtung einer Zelle zugleich eine Einbuchtung bei der Nachbarzelle, die damit natürlich weniger Honig speichern kann. Die entscheidende Frage ist: Könnte es eine komplette Wabe mit gekrümmten Zellenwänden geben, bei der der Gesamt-Speicherungsgewinn durch Wandausbuchtungen den Gesamt-Speicherungsverlust durch Wandeinbuchtungen von Nachbarzellen übersteigt? Falls es eine solche Wabe gäbe, wäre dadurch die Bienenwaben-Vermutung widerlegt.

Intuitiv könnte man vermuten, daß die Ausbuchtungen die Einbuchtungen genau ausgleichen. Deshalb vermutete auch Toth, das Sechseckmuster sei optimal. Doch Mathematiker, die sich mit solchen Problemen sehr intensiv befaßten, wußten, daß die Dinge nicht unbedingt so einfach liegen müssen. Dennoch gelang Hales 1999 der endgültige Beweis: Die Auswirkungen der Ein- und Ausbuchtungen heben sich gegenseitig auf. Sein Beweis war kompliziert: Er brauchte 19 Seiten. Mathematiker in aller Welt brachen in Begeisterung aus, als sie das neue Ergebnis erfuhren. Die Bienen schienen davon ziemlich unbeeindruckt. Auf ihre Art hatten sie das schon immer gewußt.

Wenn Sie sich nun selbst einmal in der Schule mit Mathematik herumgeplagt haben und nicht recht vorangekommen sind, fragen Sie sich vielleicht, wie eine scheinbar so einfache Kreatur wie die Honigbiene eine solche mathematische Leistung vollbringen kann, die menschlichen Mathematikern soviel Kopfzerbrechen bereitet hat. Nun, zugegeben, was den Mathematikern wirklich schwerfiel, war der Beweis, daß die Bienenwabe wirklich die effizienteste Konstruktion ist. Die Bienen dagegen müssen die Waben ja nur bauen. Aber das Ergebnis von Hales zeigt doch, daß sie von allen nur denkbaren Möglichkeiten die effizienteste nutzen. Damit stellt die Evolution der Honigbiene tatsächlich eine Art natürlichen Beweis dieses Ergebnisses dar.

Auch ungeachtet der Frage nach der Effizienz des regelmäßigen Sechseck-Musters zeigt schon allein die unglaubliche Präzision, mit der die Bienen ihre Waben bauen, daß sie natürliche Baumeister und Vermessungsingenieure von höchsten Graden sind.

Ebenso wie bei der Tunesischen Wüstenameise, den Zugvögeln und den wandernden Fischen haben auch hier viele hunderttausend Jahre Evolution eine Art hervorgebracht, deren natürliche Instinkte sie zu einer perfekten Konstruktionsmaschine haben werden lassen, einschließlich der Planung, Berechnung, Vermessung und schließlich der Bauausführung. Natürlich können auch wir Menschen all das. Wir können es sogar noch präziser als die Honigbiene. Aber nicht instinktiv, sondern nur durch den expliziten, bewußten Gebrauch von Mathematik.

Wenn es um die Baukunst geht, scheint die bescheidene Honigbiene ein sehr viel »natürlicherer« Baumeister zu sein als jeder menschliche Architekt oder Bauarbeiter. Doch das Bauen von Honigwaben ist nicht die einzige Glanzleistung, zu der diese Tiere fähig sind. Die Natur hat sie auch mit einem eleganten und effektiven Kommunikationssystem ausgestattet sowie einem Sinn für Entfernungen, der auf einer raffinierten mathematischen Grundlage beruht. Beide Systeme werden zur Nahrungssuche eingesetzt. Werfen wir doch einmal einen Blick darauf.

Bienen sind soziale Lebewesen. Sie leben in großen Kolonien und teilen sich die alltäglichen Aufgaben. Während manche Bienen im Stock bleiben und sich um den Wabenbau und die Brutpflege kümmern, versorgen andere den Schwarm mit Futter. Dazu haben sie eine sehr effiziente Technik entwickelt. Spezialisierte Bienen, die sogenannten Sammlerinnen, suchen die Umgebung nach Futterquellen ab. Sind sie fündig geworden, fliegen sie zum Stock zurück und teilen den anderen Bienen mit, wo die Nahrung zu finden ist. Hierzu verwenden sie festgelegte, tänzelnde Flugbewegungen, mit denen die genaue Richtung und Entfernung der Futterquelle mitgeteilt werden kann.[13]

Wenn sich die Nahrungsquelle nahe am Bienenstock befindet, nicht mehr als etwa 50 Meter, dann führen die zurückkehren-

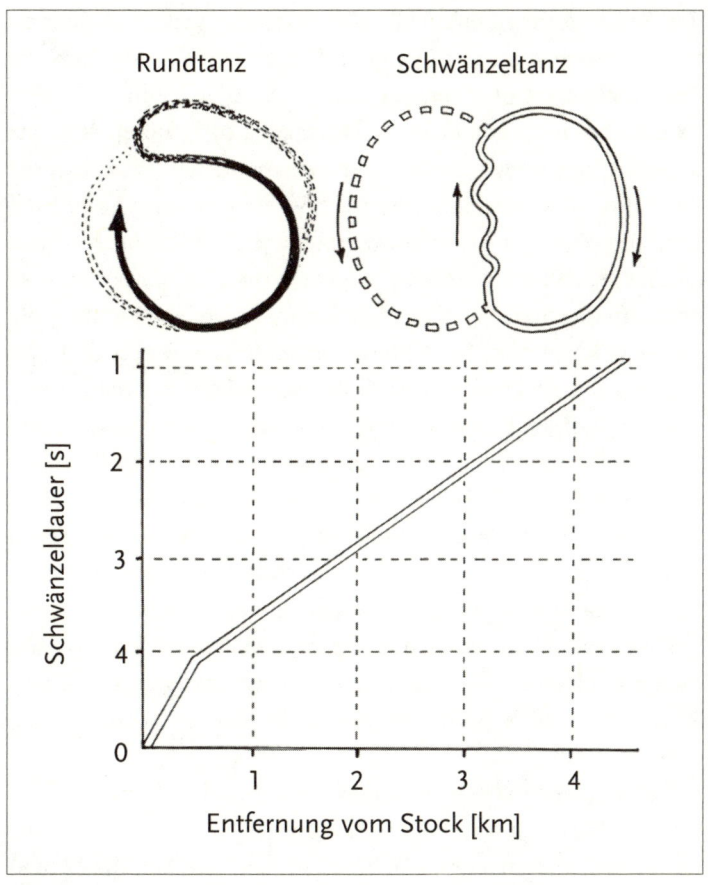

Abbildung 5.3: *(Oben) Der Rundtanz und der Schwänzeltanz einer Honigbienen-Sammlerin. Die Neigung des Schwänzeltanzes im Bezug zur Vertikalen deutet die Richtung der Futterquelle im Bezug zum Sonnenstand an. Die Dauer des Tanzes gibt die Entfernung zur Futterquelle an. Das Verhältnis zwischen der Dauer des Tanzes und der Entfernung zur Futterquelle nennen die Mathematiker »abschnittsweise linear«. Die Dauer des Tanzes nimmt für Distanzen unter 500 Meter linear mit ungefähr 0,2 Sekunden pro 100 Meter Entfernung zu und danach mit etwa 0,7 Sekunden pro Kilometer (untere Grafik).*

den Sammlerinnen einen von den Wissenschaftlern so genann-
ten »Rundtanz« auf – die Bienen fliegen einfach nur im Kreis.
Damit teilen sie den anderen mit, daß sie Nahrung gefunden
haben, aber nicht genau, wo – das ist auch nicht nötig, denn die
Sammlerbiene zeigt den anderen, wo die Futterquelle liegt. Ist
die Futterquelle dagegen mehr als 50 Meter entfernt, wird der
Tanz komplizierter – die Sammlerbiene will ja nicht noch einmal
den langen Weg fliegen. Mit diesem dann als »Schwänzeltanz«
bezeichneten Schauspiel werden sowohl die genaue Richtung als
auch die Entfernung vom Stock mitgeteilt (siehe Abb. 5.3). Die
anderen Bienen können dann selbst direkt dorthin finden.

Im vorherigen Kapitel erfuhren wir, daß Bienen sich mit Hilfe
von polarisiertem Sonnenlicht orientieren können. Und sie können die Richtungsangaben des Schwänzeltanzes auswerten. Wie
aber bestimmen sie die Entfernung? Über diese Information
verfügen sie mit Sicherheit, denn nachdem Forscher in Experimenten die Blütenpflanzen, die Sammlerbienen gefunden hatten, von ihrem Platz entfernten und in größerer Entfernung zum
Bienenstock wieder aufstellten, suchten die neu angekommenen
Bienen vergeblich genau an der Stelle, wo die Blüten vorher
gestanden hatten.

Der österreichische Verhaltensforscher Karl von Frisch (1886–
1982), der sich etwa seit den zwanziger Jahren des 20. Jahrhunderts mit dem Bienentanz befaßt hat,[14] dachte, die Bienen
bestimmten Entfernungen anhand der während des Fluges ver-
brauchten Energiemenge. Seine Vermutung begründete er mit
einer Beobachtung: Flogen die Sammlerinnen gegen den Wind,
schätzten sie die Entfernung größer ein als bei Rückenwind. Doch
zwei neuere Untersuchungen in den 1990er Jahren zeigten, daß
dies nicht der Fall ist. Vielmehr nutzen Bienen optische Signale
zur Entfernungsbestimmung. Sie registrieren, wie schnell verschiedene Objekte an ihren Augen vorbeiziehen. Wissenschaftler
nennen das den *optischen flow*. Damit können die Bienen ihre
Geschwindigkeit in Bezug zu dem überflogenen Erdboden oder

zu anderen Geländemerkmalen abschätzen und mit Hilfe ihres Zeitgefühls daraus Entfernungen ableiten.

Natürlich hängt die Geschwindigkeit, mit der Objekte an einem vorbeiziehen, von der Entfernung ab, in der sie sich befinden. Das weiß jeder, der einmal von einem Flugzeug aus die Landschaft betrachtet hat, die sich sehr viel langsamer verändert als zum Beispiel die Wände eines Tunnels, wenn man mit dem Zug durch diesen hindurchfährt. Je weiter entfernt man sich von einem Objekt befindet, desto langsamer scheint die eigene Bewegung in Bezug zu diesem zu sein. Das gilt auch für Bienen. Bei ihnen erzeugt ein kurzer Flug nahe über dem Erdboden die gleiche Entfernungsinformation wie ein längerer Flug in großer Höhe.

Bei einem Experiment ließen der aus München stammende Forscher Harald Esch und J. E. Burns von der Universität der Stadt Notre Dame, Indiana, vom Dach eines 50stöckigen Hochhauses aus Bienen losfliegen und Nektar von Pflanzen vom Dach eines anderen, 230 Meter entfernten Hochhauses sammeln.[15] Der Schwänzeltanz dieser Bienen gab eine nur etwa halb so große Entfernung an wie der einer Vergleichsgruppe von Bienen, die die gleiche Entfernung am Boden fliegen mußten.

Bei einer anderen Untersuchung kamen Mandyam Srinivisan und seine Kollegen von der Australian National University[16] auf einem ganz anderen Weg zu dem gleichen Ergebnis. Sie trainierten Bienen, zur Futtersuche durch einen langen, gut beleuchteten Tunnel zu fliegen. Bei den verschiedenen Versuchen war die Tunnel-Innenwand jeweils anders bemalt: Einmal mit einem Muster, dann mit unregelmäßigen Flecken und schließlich mit Ringen senkrecht zur Flugrichtung. In allen drei Fällen konnten sich die Bienen in dem Tunnel gut orientieren und wußten jeweils, wie weit sie bis zur Nahrungsquelle fliegen mußten. Doch wenn die Tunnelwände unmarkiert oder mit waagerechten Streifen versehen waren, so daß sie während des Durchflugs überall gleich aussahen und keinen optischen Eindruck von

Bewegung erzeugen konnten, zeigten sich die Bienen unsicher und suchten vergeblich.

Am liebsten flogen die Insekten durch die Mitte des Tunnels. Nachdem die Tiere einmal gelernt hatten, wo das Futter steht, wurden sie durch bauliche Veränderungen gezwungen, bei den nächsten Flügen einmal mehr, dann wieder weniger weit entfernt von den Wänden entlangzufliegen. So zogen auch die Muster an den Wänden schneller bzw. weniger schnell an ihnen vorbei. Und tatsächlich flogen die Bienen auch um so weniger weit, je näher sie an der Innenwand vorbeifliegen mußten – wie es zu erwarten gewesen war, wenn sie die Geschwindigkeit des Vorbeiziehens ihrer Umgebung als Entfernungsmesser benutzten. Zugleich konnte damit auch gezeigt werden, daß der Energieverbrauch sicher keine Rolle bei der Orientierung spielt, sondern nur der »optische flow«.

Durch einen Vergleich der verschiedenen Ergebnisse konnten die Wissenschaftler mit Hilfe von Trigonometrie und einfacher Differentialrechnung die mathematischen Zusammenhänge ermitteln, denen das Verhalten der Bienen folgte. Dabei stellten sie fest, daß ein Flug entlang der Tunnelwand mit einem Zufallsmuster für die Bienen etwa der 30mal so weiten Entfernung bei einem Flug im Freien entsprach. Die Tatsache, daß die Versuchsbedingungen eine derart große Auswirkung auf die Flugstrecke der Bienen hatten, zeigt, wie sehr sie für ihre erstaunliche Orientierung auf ihre angeborenen Verhaltensweisen und ihren Mathe-Instinkt angewiesen sind.

Wer kassiert die Lorbeeren für den Damm des Bibers?

Verlassen wir nun die Bienen und kehren zurück zum Hauptthema dieses Kapitels, der Baukunst. Es gibt kein Tier, das bekannter für seine Baukunst wäre als der Biber. Aber verdient der Biber für seinen Damm einen Preis als Baumeister? Oder anders gefragt: Hat die Natur dieses Tier mit besonderen mathematischen und ingenieurtechnischen Begabungen ausgestattet, um Äste, Zweige und Knüppel so quer zur Fließrichtung eines Baches zu bauen, daß daraus ein Damm entsteht?

Wir sollten vorsichtig sein, bevor wir einem Lebewesen, das eine bestimmte Tätigkeit vollbringt, mathematische Fähigkeiten zuschreiben. Die Frage ist: Wo genau wird »die Mathematik« gemacht, und von wem oder was? In den bisher betrachteten Beispielen verfügten die Tiere über Fähigkeiten, die man, würden sie von Menschen ausgeübt, als »Mathematik betreiben« bezeichnen müßte. In diesen Fällen hat Mutter Natur die Tiere im Laufe der Evolution mit entsprechenden Hirnstrukturen bedacht, die sie zur Durchführung einer bestimmten mathematischen Berechnung befähigen – oder anders ausgedrückt, die Tiere tun instinktiv etwas, wozu Menschen nur mit Hilfe von Mathematik in der Lage sind.

Es gibt aber noch eine andere Möglichkeit: Vielleicht macht ja die Umwelt die Mathematik. Wenn man von einem hohen Gebäude springt, stürzt man natürlich in die Tiefe. Würden Sie nun sagen, durch einen solchen Sprung löse die Person die Newtonschen Gleichungen für die Bewegungen eines Körpers unter

Abbildung 5.4: *Ein Biber und sein Damm. Am Bau des Dammes ist der Fluß ebenso stark beteiligt wie der Biber.*

dem Einfluß der Schwerkraft? Wohl kaum. Während des Sturzes wird wohl sicher niemand mehr Mathematik betreiben – die Person unterliegt jetzt nur noch den physikalischen Gesetzen, die Newton mit mathematischen Mitteln ausdrückte. Sofern also überhaupt Mathematik im Spiel ist, wird sie jetzt durch das Universum *auf die Person* ausgeübt.

So scheint es sich auch beim Biber zu verhalten (Abb. 5.4). Soweit wir aus Beobachtungen wissen, besteht die einzige besondere Fähigkeit des Bibers zum Dammbau darin, instinktiv Holzstücke, Blätter und Lehm zu sammeln und sie in einem Wasserlauf anzuhäufen. Erst durch den Wasserdruck des Gewässers werden die einzelnen Bauteile dicht zusammengedrückt, um einen Damm zu bilden. Auf ähnliche Weise führt auch erst die Kraft des Wassers dazu, daß der Damm schließlich eine kompakte Form annimmt, die aussieht, als stecke eine sorgfältige Konstruktion dahinter. Natürlich könnte man jetzt einwenden: »Ganz schön clever, dieser Biber, daß er das Wasser so für sich arbeiten läßt.« Aber für diese Sichtweise gibt es keinerlei Beweise. Wahrscheinlich werden wir nie erfahren, was ein Biber beim Dammbau denkt oder ob er überhaupt so etwas wie bewußte Gedanken hat. Weil aber die Evolution auch sonst eine Neigung zur Sparsamkeit hat, scheint es doch wahrscheinlich – da diese Symbiose »Biber plus Wasserlauf« beim Dammbau so gut funktioniert –, daß der Biber hierbei nur einem Instinkt folgt: »Bauteile sammeln und sie im Wasser anhäufen«. Der Damm selbst entsteht dann durch den Wasserdruck. Und das hieße, daß der Dammbau des Bibers eher so etwas ist wie das Lösen der Newtonschen Bewegungsgesetze durch das Springen von einem Wolkenkratzer als daß die Tiere irgend etwas täten, was man mit einiger Berechtigung als »natürliche Mathematik« bezeichnen könnte.

Spinnen spinnen – elegante, kunstfertige Netze

Auch Spinnennetze scheinen trotz ihres hoch geometrischen Aussehens eher in die Kategorie des Biberdamms zu fallen als in die der Bienenwaben. Gewiß lösen die eleganten, geometrischen Muster vieler Spinnennetze Bewunderung aus und lassen beträchtliche Kunstfertigkeit beim Bau vermuten. Dennoch gibt es aber keinen Grund zur Vermutung, daß zur Entstehung von Spinnennetzen großartige mathematische Fähigkeiten erforderlich wären. Vielmehr entstehen die filigranen Gebilde durch einige wenige, sehr einfache Schritte der Spinne. Mit Hilfe von Mathematik kann man zeigen, wie diese einfachen Schritte durch mehrfache Wiederholung zu einem Netz führen. Aber auch in diesem Fall steht wohl die Bewunderung für mathematische Fähigkeiten eher der Natur zu, die die Spinne zum Vollzug dieser Elementarschritte »programmiert« hat.

Abbildung 5.5.: *Das Radnetz einer Spinne. Das elegante, geometrische Muster entsteht durch wenige, sehr einfache Bewegungen.*

Hier diese Schritte im einzelnen: Es gibt allein in den USA mindestens 2000 Spinnenarten, doch nur wenige bauen komplexe Netze. Diese Netze kann man in vier Gruppen einteilen: Rad-, Trichter-, Röhren- und Baldachinnetze sowie die unregelmäßigen Gespinste etwa von Hausspinnen. Alle Netze werden ausschließlich von Weibchen gebaut. Konzentrieren wir uns hier auf die komplizierten, schönen und präzisen geometrischen Radnetze, wie sie die in Nordamerika häufige große gelb-schwarze Gartenspinne baut. Abbildung 5.5 zeigt ein solches Netz.

Die Gartenspinne braucht ein bis drei Stunden, um ein solches Netz zu bauen. Das geschieht meist bei Nacht. Zweck des Netzes ist es, Beuteinsekten zu fangen. An jedem der Hinterbeine hat die Spinne eine Reihe von gekrümmten Borsten, mit deren Hilfe sie ins Netz geratene Insekten mit einem Kokon umhüllt. Ist die Beute auf diese Weise bewegungsunfähig gemacht, wird sie von der Spinne ausgesaugt. Gelegentlich verirrt sich sogar ein größeres Lebewesen wie etwa eine junge Maus ins Netz und muß dann das gleiche Schicksal erleiden.

Obwohl Spinnen acht Augen haben, bauen sie ihre Netze fast ausschließlich mit Hilfe ihres Tastsinns. Unter ihrem Hinterleib befinden sich sechs fingerartige Anhangsgebilde, Spinndrüsen, mit deren Hilfe der Faden zum Netzbau produziert und verarbeitet wird. Jede Spinndrüse hat mehrere winzige Öffnungen, die verschiedene Arten von Fadensekret in flüssiger Form produzieren. An manchen Stellen des Netzes werden einzelsträngige Spinnfäden eingebaut. Für die Hauptstränge jedoch erzeugt die Spinne mehrsträngige Fäden, die fast wie Seile miteinander verdreht sind. Sobald das Fadensekret an die Luft kommt, erstarrt es und bildet einen Strang, der fünfmal fester ist als ein Stahldraht der gleichen Dicke und dennoch um bis zu 30 Prozent seiner Länge gedehnt werden kann, ohne zu reißen.

Daher untersucht man schon seit langem die chemische Zusammensetzung dieser Substanz – es handelt sich um Proteinketten, die überwiegend aus den Aminosäuren Glycin und

Alanin bestehen – und versucht sie im Labor nachzuahmen. Ziel ist es, ein ähnliches Material etwa für Sicherheitsgurte im Auto, für Fallschirmleinen oder ähnliche Zwecke zur Verfügung zu haben. Bis jetzt ist das aber noch nicht gelungen.

Um ihr Netz zu befestigen, braucht die Gartenspinne zwei vertikale Strukturen, zum Beispiel Äste oder Grashalme. Diese muß sie sorgfältig auswählen, denn bei der ersten Etappe des Netzbaus braucht sie die Hilfe der Natur. Hierbei geht es um das Spannen des ersten Fadens, der die beiden Befestigungen miteinander verbindet. Dabei verläßt sich die Spinne auf ihr Glück – obwohl eine geschickte Wahl des Startpunktes ihre Erfolgschancen beträchtlich erhöht.

Zuerst klettert die Spinne an der ersten Befestigung in die Höhe und bringt dort das eine Ende eines mehrsträngigen Fadens an. Diesen spinnt sie dann nach unten aus, während sie sich selbst daran in die Tiefe abseilt. Wenn dem Tier der Faden lang genug erscheint, spinnt es nicht mehr weiter, sondern bleibt einfach in der Luft hängen, bis ein günstiger Windhauch es zu der zweiten Befestigung hinüberweht. Dort klammert es sich sofort fest und befestigt das zweite Ende seines Fadens. Dieser Faden ist so dünn und leicht, daß er durch den leisesten Hauch bewegt wird. Die Spinne benötigt Geschick bei der Auswahl der beiden Befestigungspunkte sowie der Länge des ersten Fadens, der so lang sein muß, daß sie damit genau den zweiten Befestigungspunkt erreicht.

Ist der erste Faden einmal gespannt, kann die Spinne darauf wie auf einer Brücke von einer Seite zur andern klettern. Im nächsten Schritt spinnt sie einen zweiten Faden vom Mittelpunkt des ersten aus nach unten, so daß die beiden Fäden wie ein Y zusammenhängen, und befestigt das untere Ende dieses vertikalen Fadens dann entweder auf der Erde oder an einer anderen geeigneten Stelle.

Von diesem Y ausgehend baut die Spinne dann noch mehrere Radialarme vom Mittelpunkt des Netzes aus. Das ist ein etwas kniffliger Vorgang, denn im gleichen Arbeitsgang konstruiert das Tier auch noch einen äußeren Rahmen für sein Netz, den es an verschiedenen Ankerpunkten befestigt.

Schließlich setzt sich die Spinne in die Mitte ihrer jetzt sternförmigen Netzstruktur und spinnt einen langen Faden in einer Spirale von Radialarm zu Radialarm. Bei dieser ersten Spirale handelt es sich um ein Provisorium; es soll das Netz während der nun folgenden Bauphase stabil halten.[17]

Ist die provisorische Spirale fertig, beginnt die Spinne an einem Punkt am Rand des Netzes und spinnt eine zweite Spirale nach innen. Diese besteht nun aus einem festeren, klebrigen Faden, der die Beute festhalten soll. Während sie diesen Fangfaden spinnt, entfernt die Spinne zugleich wieder die provisorische Spirale. Beim Bau der Fangspirale scheint die Spinne vor allem darauf zu achten, daß der Faden dicht genug gespannt ist. Hierzu versucht sie, die Entfernung zwischen zwei Netz-Armen möglichst gleich zu halten. Dadurch entsteht eine Konstruktion, die Mathematiker eine »arithmetische Spirale« nennen.[18] Dennoch kommt es in erster Linie darauf an, daß das Netz möglichst stabil wird, nicht auf eine besonders ausgefeilte geometrische Struktur. Um das in einem Netz zu erreichen, dessen Konstruktionsrahmen kaum perfekt symmetrisch ist, muß die Spinne improvisieren und gelegentlich einzelne Strecken auch doppelt spinnen, wobei Haarnadelschleifen in der Spirale entstehen. Ist das Netz fertiggestellt, setzt sich die Spinne in die Mitte des Netzes und wartet darauf, daß ihr Mittagessen einfliegt.

Was uns menschlichen Beobachtern als geometrisches Meisterwerk erscheint, ist demnach das Ergebnis von drei elementaren Bauschritten: einem Stern, einer provisorischen Spirale mit gleichen Winkeln und einer wesentlich dichteren Fangspirale mit konstanten Entfernungen zwischen bestimmten Punkten. Ein solches Netz ist zweifellos eine eindrucksvolle bauliche Leistung in den Bereichen Design, Konstruktion und auch in den verwendeten Materialien. Für den Bau muß die Spinne gut Ent fernungen abschätzen können. Doch für die mathematischen Eigenschaften ist keine Berechnung erforderlich. Sie ergeben sich automatisch aus den einfachen Bauprinzipien, die die Spinne anwendet.

Mustergenies – Tiere und Pflanzen bilden die **6** schönsten Muster

Mit Ausnahme der Fälle des Biberdamms und des Spinnennetzes, wo die Umgebung »die Mathematik« übernimmt, haben alle anderen bislang aufgeführten Beispiele eines gemeinsam: Die Lebewesen zeigen *Aktivitäten* oder *Verhaltensweisen*, die wir Menschen nur mit Hilfe von Mathematik durchführen oder beschreiben können. Meine Erklärung hierfür war, daß die Natur diese Tiere durch die Mechanismen der natürlichen Auslese mit der Fähigkeit ausgestattet hat, »(natürliche) Mathematik« zu betreiben. Bei den Beispielen in diesem und im nächsten Kapitel geht es um etwas anderes: Hier hat die Natur die Dinge so eingerichtet, daß die Tiere bzw. Pflanzen *während ihrer Entwicklung und ihres Wachstums* bestimmte mathematische Regeln befolgen.

Wie kommt der Leopard zu seinen Flecken?

Haben Sie sich je die Frage gestellt, wie der Leopard zu seinen Flecken kommt oder der Tiger zu seinen Streifen? Ende der 1980er Jahre war genau dies das Thema von James Murray von der Universität Oxford. Als Mathematiker mit beträchtlichen Biologiekenntnissen gelang es ihm, die Antwort herauszufinden: Ein Beispiel für eine weitere Form von »Mathematik der Natur« bilden die Fellmuster verschiedener Tiere.

Selbstverständlich kannte Murray alle bekannten Erklärungen für die Existenz verschiedener Fellmuster – eine Kombination von Tarnung in der natürlichen Umgebung der Tiere, dem Bestreben, mögliche Räuber abzuschrecken, und dem Versuch, für das andere Geschlecht attraktiv auszusehen. Er wußte auch, daß alle Fellmuster durch eine Substanz namens Melanin verursacht werden, die von Zellen direkt unter der Haut produziert wird. Es handelt sich dabei um den gleichen Stoff, der beim Menschen die Sonnenbräune verursacht. Doch auf welche Weise bringt die Natur das Melanin genau an die richtigen Stellen, damit die Haut das für das entsprechende Tier typische Fellmuster erzeugt?

Eine mögliche Antwort wäre, daß die DNA des Tieres alle Informationen enthält, um die Fellfärbung zu gestalten – spezielle Anweisungen, wo genau ein Streifen oder ein Punkt hingehört. Doch es gibt noch eine andere Möglichkeit, die wesentlich effizienter wäre. Angenommen, meinte Murray, es gäbe geometrische Regeln, die das Fellmuster der Tiere bestimmen, etwa so wie es Regeln für die Geometrie von Dreiecken, Kreisen oder Tetraedern gibt, die schon Euklid im antiken Griechenland (ca. 300 v. Chr.) formuliert hat. Dann brauchten in der DNA der Tiere nur einige wenige Regeln gespeichert zu sein sowie Informationen, welche dieser Regeln wann und wo anzuwenden wären.

Abbildung 6.1: *Tiger (links) und Leopard. Die Fellmuster sind das Ergebnis von mathematischen Regeln, die die Farbpigmentierung der Haut steuern.*

Das tatsächliche Fellmuster würde sich dann aus einem mathematischen Prozeß heraus ergeben.

Auf den ersten Blick erschien diese Theorie ziemlich gewagt. Beschreiben denn solche mathematischen Formeln nicht sehr regelmäßige Formen? Jedenfalls gibt es kein Fellmuster mit exakten Kreisen, Drei- oder Vierecken darauf. Doch dieses Argument zählt nicht – inzwischen sind die Mathematiker durchaus in der Lage, Gleichungen zu formulieren, die die Bildung von Fellmustern beschreiben, ebenso wie viele andere Erscheinungsformen des Lebens. Was sie im allgemeinen nicht können, ist, diese Gleichungen zu lösen. Zumindest nicht mit Papier und Bleistift. Aber mit einem guten Computer schon. Und den hatte Murray für seine Berechnungen der Fellstruktur.

In einem ersten Schritt formulierte er Gleichungen für die chemischen Reaktionen, die Färbungen in der Tierhaut hervorrufen.[19] Dann entwickelte er ein Computerprogramm, um diese Gleichungen zu lösen. Schließlich verwandelte er mit einem Grafikprogramm diese Lösungen in Bilder.

Während ihrer frühen Entwicklungsstadien haben Leoparden- und Tigerembryonen gar kein Hautmuster. Doch die Hautzellen enthalten bereits Stoffe, die zwar nicht selbst die Haut färben, aber in einem späteren Entwicklungsstadium zur Bildung des Hautfarbstoffs Melanin führen. Die entscheidenden chemischen Reaktionen finden also während eines frühen Entwicklungsstadiums der Tiere statt. Bei den meisten Tieren, die mit einem fertig ausgebildeten Haut- oder Fellmuster zur Welt kommen, bildet sich dieses noch im Mutterleib, bei einigen Tieren geschieht dies erst kurz nach der Geburt. Etwa beim Dalmatiner, dessen Flecken erst einige Wochen nach der Geburt auftauchen.

Die DNA der Tiere bestimmt, welche melaninproduzierenden Stoffe sich in der Haut bilden sowie deren relative Konzentrationen – nicht aber, wo genau sie entstehen. Am Anfang sind diese Stoffe zufällig (im entstehenden Embryo) verteilt. Ansonsten speichert die DNA nur noch zwei zeitliche Informationen:

in welchem Entwicklungsstadium diese Farbstoffe aktiviert werden und wann diese Aktivierung endet.

Mit Hilfe seiner Computersimulationen machte Murray nun eine überraschende Entdeckung: Der vermutete einfache Mechanismus ist alles, was notwendig ist, um all die unterschiedlichen Fellmuster zu erzeugen, die wir aus der Natur kennen. So besteht beispielsweise der Hauptfaktor, der die Bildung von Streifen anstelle von Flecken bewirkt, aus der zeitlichen Abfolge einzelner chemischer Reaktionen in den Hautzellen.

Genaugenommen ist auch nicht die zeitliche Abfolge verantwortlich, sondern die Größe und die Form des Embryos in der entscheidenden Entwicklungsphase. Die mathematischen Gleichungen erlauben folgende Vorhersagen: Sehr kleine oder sehr große Hautregionen bilden überhaupt kein Fellmuster aus. In einem Größenbereich dazwischen führen dünne Regionen zu

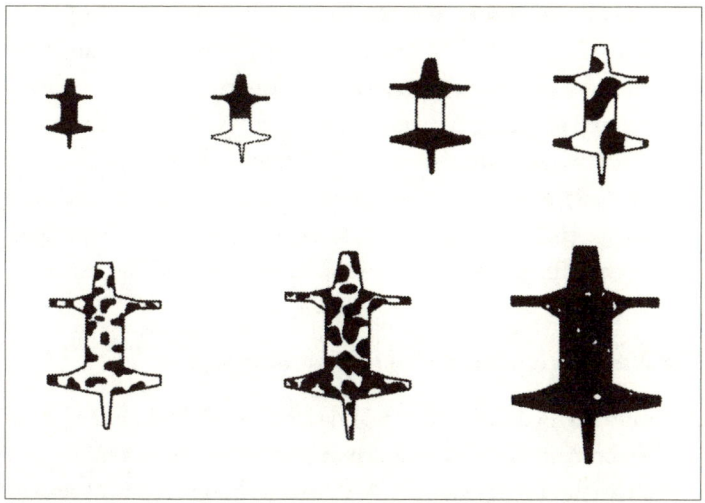

Abbildung 6.2: *Durch die Veränderung von zwei Zahlenparametern in seinem Computermodell erhielt James Murray alle auch in der Natur vorkommenden Fellmuster. Die Vermutung liegt nahe, daß die Vielfalt der Fellmuster das Ergebnis mathematischer Regeln ist.*

Querstreifen und eher flächige Regionen mit ungefähr der gleichen Ausdehnung zu Flecken, deren genaues Muster von den Dimensionen der Region abhängt. Abbildung 6.2 zeigt einige dieser Fellmuster, die Murray per Computer erzeugt hat.

So gibt es zum Beispiel in einem frühen Stadium der einjährigen Tragezeit eines Zebras eine vierwöchige Periode, in der der Embryo langgestreckt ist, fast wie ein Bleistift. Murrays Gleichungen zeigten, daß bei einer solchen Körperstruktur Streifen entstehen. Leopardenembryos dagegen sind in diesem Stadium eher gedrungen und knubbelig. Hierfür sagte der Computer ein Flekkenmuster voraus, außer am Schwanz, der während der gesamten Entwicklungszeit lang und schmal ist; was erklären könnte, warum der Schwanz eines Leoparden immer geringelt ist.[20]

Das Ganze ist also ein verblüffend einfacher Mechanismus. Zugegeben, die Mathematik, die dahintersteckt, ist schon ziemlich ausgeklügelt – Murray arbeitete mit Differentialrechnung. Doch weder die Mütter noch die Jungtiere »machen« selbst diese Mathematik. Vielmehr *nutzt* die Natur diese Mathematik aus, um damit einen äußerst effizienten Mechanismus zur Erzeugung von Fellmustern hervorzubringen. Außerdem kann die Natur, da die Schlüsselfaktoren die beiden zeitlichen Parameter des An- und Abschaltens der chemischen Reaktionen sind, die Fellmuster einfach verändern, falls die Umgebungsbedingungen dies einmal für das Überleben der Art erfordern sollten.

Die Nautilusschnecke und der Wanderfalke

Ein weiteres Beispiel dafür, wie natürliche Muster als Ergebnis von verborgenen mathematischen Gesetzen entstehen, ist die Nautilusschnecke (siehe Abb. 6.3), deren schönes spiralförmiges Haus wir, wenn wir eines am Strand finden, gleich ans Ohr halten, um das Meeresrauschen zu hören – schon eine komische Angewohnheit, vor allem, weil das echte Meeresrauschen ja nur ein paar Schritte entfernt ist ...

Der gekammerte Nautilus ist der einzige überlebende Nachkomme der Nautiloiden, vor 450 Millionen Jahren die größten Räuber im Urozean. Er lebt heute in den tropischen Bereichen des Indischen und Pazifischen Ozeans. Seine vertraute glatte, gewundene Schale (Abb. 6.3) kann bis zu 30 Zentimeter im Durchmesser groß werden. Sie teilt sich in ihrem Inneren in eine Reihe immer größerer Kammern, jede ausgekleidet mit Perlmutt, in deren äußerster (und jüngster) das Tier lebt. Die Trennwände der Kammern werden von einem Gewebestrang durchzogen, dem *siphunculus*. Mit dessen Hilfe reguliert der Nautilus seinen Auftrieb, indem er die einzelnen Kammern mit unterschiedlichen Anteilen Flüssigkeit und Luft füllt. Der Nautilus verbringt die meiste Zeit in Tiefen von 180 bis 250 Meter, steigt aber nachts zum Fressen bis auf 60 Meter Tiefe hinauf.

Bei dem Schneckenhaus handelt es sich wie bei dem provisorischen Netz der Gartenkreuzspinne um eine – wie die Mathematiker es ausdrücken – »logarithmische Spirale«. Man kann sie auf mehrere gleichwertige Arten mathematisch beschreiben. So kann man sagen, sie sei eine »gleichwinklige« Spirale – der Winkel zwischen Radialarmen und Spirale bleibt über die gesamte Länge der Spirale gleich. Man kann sie auch als »selbstähnlich«

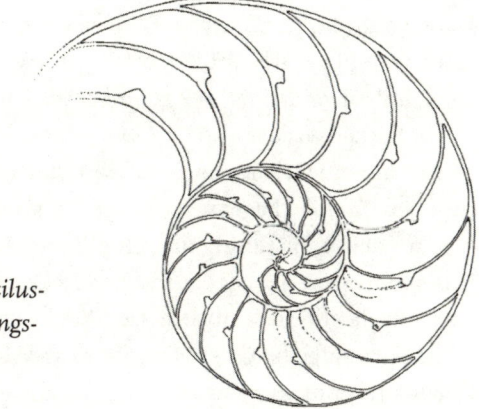

Abbildung 6.3:
Die gekammerte Nautilus-schnecke. Hier ein Längs-schnitt des Schneckenhauses.

Abbildung 6.4: *Der Wanderfalke beschreibt eine logarithmische Spirale, wenn er auf seine Beute herabstößt.*

beschreiben: Wenn man eine einzelne Spiralwindung betrachtet und diese gedanklich vergrößert, dann paßt ihr Muster auch auf alle weiteren Spiralwindungen.

Diese Eigenschaft der Selbstähnlichkeit der Windungen ist der Grund dafür, warum das Nautilusschneckenhaus diese Form hat. Beim Wachsen muß der Nautilus immer wieder einmal sein Haus vergrößern. Weil das Tier aber nicht seine Form ändert, sondern einfach nur größer wird, geschieht dies am effizientesten, indem es in der selbstähnlichen Form einer logarithmischen Spirale wächst.

Eine andere Gelegenheit, wo man in der Natur einer logarithmischen Spirale begegnet, ist die Flugbahn eines Wanderfalken bei der Annäherung an seine Beute. Man stellt sich natürlich spontan die Frage, warum der Falke nicht direkt auf seine Beute zufliegt. Die Antwort: Der Raubvogel muß seine Beute ständig im Auge behalten. Da gibt es aber ein Problem. Obwohl Falkenaugen äußerst scharf sehen, sind sie doch an den Seiten des Kopfes angeordnet. Deshalb neigt der Falke seinen Kopf um etwa 40 Grad zur Seite und fixiert die Beute mit nur einem Auge. Damit das funktioniert, beschreibt er eine gleichwinklige Spirale, die sich mit der Lauf- oder Flugbahn des Beutetiers schneidet. Ein natürlicher Geometer! Übrigens wie manche Pflanzen, wie wir gleich sehen werden.

Die mathematischen Meisterweber – Pflanzen bringen numerische Muster hervor

Können Pflanzen Mathe? In unserem Sinn sicher nicht. Sie haben ja kein Gehirn. Aber wie wir ja schon gesehen haben, lösen Lebewesen manchmal Probleme oder erschaffen mathematische Muster einfach dadurch, wie sie wachsen oder sich verhalten. Leoparden, Tiger und die gekammerte Nautilusschnecke sind alles Beispiele für natürliche Rechenwerke. Ähnliches kann man auch bei vielen Pflanzen feststellen.

Unsere Pflanzenstory beginnt nicht in einem Garten, sondern mit einem arithmetischen Problem aus einem Lehrbuch des 13. Jahrhunderts. Im Jahr 1202 schrieb der große italienische Mathematiker Leonardo von Pisa (1170–1250) – den die Historiker erst später Fibonacci nannten, nämlich *filius Bonacci*, lateinisch für »Sohn des Bonacci« – ein Lehrbuch über Arithmetik mit dem Titel *Liber Abaci,* das »Buch vom Rechnen«. Eine der Aufgaben in dem Buch lautete folgendermaßen:

> Ein Mann besaß ein Paar Kaninchen, und man möchte nun wissen, wie viele Nachkommen dieses Paar in einem Jahr hat, wenn es ihre Natur ist, jeden Monat zwei Junge hervorzubringen, die selbst ab dem zweiten Lebensmonat wieder Junge bekommen.[21]

Wie bei den meisten mathematischen Lehrbuchaufgaben wird erwartet, daß man so realistische Dinge wie Tod, erfolgreiche

Fluchtversuche oder Impotenz ignoriert. Fibonacci formulierte das Problem eben nur als reine Rechenübung.

Nach einigem Nachdenken kommt man zu dem Ergebnis, daß die Zahl der Kaninchenpaare in Fibonaccis Garten von Monat zu Monat durch die Zahlen der Reihe 1, 2, 3, 5, 8, 13, 21, 34, 55, 89, 144 usw. beschrieben wird. Diese Zahlenreihe heißt heute Fibonacci-Reihe. Die Regel dabei lautet, daß jede Zahl die Summe der beiden vorhergehenden ist. (Also $1 + 2 = 3$, $2 + 3 = 5$, $3 + 5 = 8$ usw.) Das entspricht dem Faktum, daß die neuen Kaninchengeburten jeden Monat aus dem Paar bestehen, das die neuen Kaninchen produzieren, plus dem Paar, das von der Elterngeneration stammt. Wenn man diese Regel einmal herausgefunden hat, kann man Leonardos Problem leicht lösen, wenn man sich die zwölfte Zahl der Reihe anschaut: Nach einem Jahr hat man 233 Paare oder 466 Kaninchen. Nach der Formulierung der Aufgabe ist es nicht ganz eindeutig, ob die Zahl nach 12 oder 13 Monaten gemeint ist; Leonardo rechnet mit 13 Monaten und gibt als Lösung 377 Paare an.

Der Astronom Johannes Kepler, der im 16. und 17. Jahrhundert lebte (1571–1630), scheint einer der ersten gewesen zu sein, der bemerkte, daß Fibonacci-Zahlen auch in der Natur auftreten, und zwar auf mehrerlei überraschende Weise.

Wenn man zum Beispiel die Zahl der Blütenblätter verschiedener Blumen miteinander vergleicht, stößt man oft auf Fibonacci-Zahlen – und zwar so oft, daß man kaum von Zufall sprechen kann. So hat etwa die Iris drei Blütenblätter, Primeln, Butterblumen, Heckenrosen, Rittersporn und Akelei haben jeweils fünf, Astern, schwarzäugige Susannen und Zichorie je 21, Gänseblümchen 13, 21 oder 34, Wegerich und Chrysanthemen je 34 und Glattblattastern 55 oder 89 – alles Fibonacci-Zahlen.

Oder schauen Sie sich einmal eine Sonnenblumenblüte genauer an. Sie entdecken dann zwei Reihen von Blütenblattspiralen, die eine im Uhrzeigersinn gedreht, die andere gegenläufig. Wenn Sie diese Spiralen zählen, kommen Sie bei den meisten Sonnenblumen auf 21 oder 34 Blütenblätter im Uhrzeigersinn

Abbildung 6.5: *Die Samenkörner der Sonnenblume und anderer Pflanzen wachsen in zwei gegenläufigen Spiralen. Die Zahl der Spiralen pro Richtung ist immer eine Fibonacci-Zahl. Ein ähnliches Spiralmuster findet man auch bei Nadelbaum-Zapfen, wo die Zahl der Spiralen ebenfalls immer eine Fibonacci-Zahl ist.*

und 34 oder 55 im entgegengesetzten Sinn – alles Fibonacci-Zahlen. Sonnenblumen mit 55 und 89, 89 und 144 sind seltener; einmal wurde sogar eine Blüte mit 144 und 233 Blütenblättern entdeckt.

Auch bei anderen Blüten taucht dieses Phänomen auf, zum Beispiel bei dem Kraut *Echinacea*. Fichtenzapfen haben fünf Spiralen im Uhrzeigersinn und acht entgegengesetzte. Eine Ananas hat 5, 8, 13 und 21 Spiralen, die immer steiler werden. Jedes

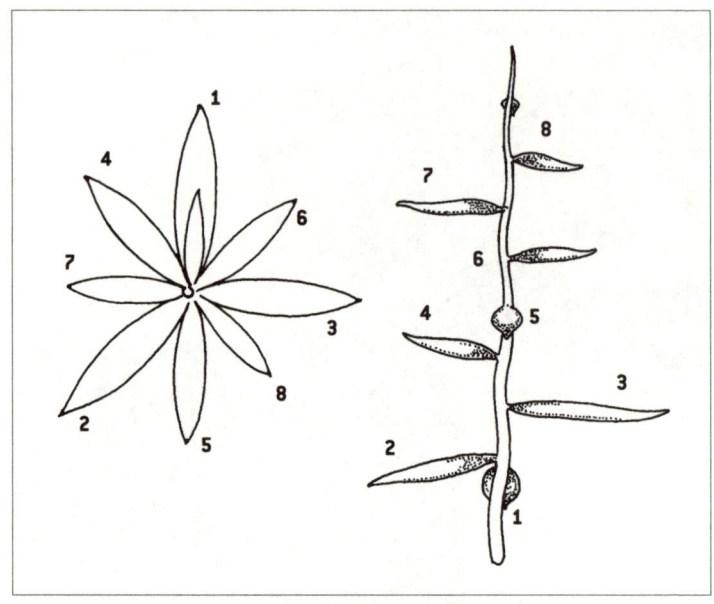

Abbildung 6.6: *Die Blätter eines Pflanzentriebs winden sich in einer Weise um die Längsachse des Triebs, die präzisen mathematischen Gesetzen folgt; wiederum spielen dabei die Fibonacci-Zahlen eine Rolle (links: Blick von der Spitze des Triebs).*

Segment zum Beispiel einer Ananasschale gehört zu drei verschiedenen Spiralen. (Vgl. Abb. 6.5.)

Ein weiteres Beispiel ist die Art und Weise, wie Blätter an Zweigen und Ästen wachsen. Bei einem genauen Blick werden Sie feststellen, daß sich in vielen Fällen die Blätter in einem Spiralmuster um die Zweige winden. Dieses Spiralmuster ist so regelmäßig, daß man daraus sogar einen Zahlenwert ermitteln kann, der charakteristisch für die Pflanzenart ist. Diesen Wert bezeichnet man als »Divergenz«.

Beginnt man bei einem Blatt zu zählen und bezeichnet mit *p* die Zahl der vollständigen Spiralwindungen, bis man auf ein zweites Blatt genau an der gleichen Position wie das erste trifft, und mit q die Zahl von Blättern, die man auf dieser Strecke von dem ersten bis zum letzten antrifft (das allererste nicht mitgezählt), dann nennt man den Quotienten $\frac{p}{q}$ die Divergenz dieser Pflanze. Dies ist in Abbildung 6.6 dargestellt.

Wenn man nun die Divergenz für verschiedene Pflanzenspezies bestimmt, entdeckt man, daß sowohl p als auch q oftmals Fibonacci-Zahlen sind. Insbesondere die Verhältnisse $\frac{1}{2}, \frac{1}{3}, \frac{2}{5}, \frac{3}{8}, \frac{5}{13}$ und $\frac{8}{21}$ sind recht häufige Divergenzen. So haben Ulme, Linde und einige Gräser eine Divergenz von $\frac{1}{2}$, Buche, Haselnuß, Brombeere, Riedgras und andere Gräser $\frac{1}{3}$, Eiche, Kirsche, Apfel, Stechpalme, Pflaume und Gemeines Kreuzkraut $\frac{2}{5}$, Pappel, Rose, Birne und Weide $\frac{3}{8}$ und Mandeln, die Verschiedenfarbige Weide und Lauch (Porree) $\frac{5}{13}$.

Keines dieser Zahlenverhältnisse ist purer Zufall. Sie stehen vielmehr in einem Zusammenhang mit der Lebensweise der Pflanzen. (So sollten zum Beispiel die Blätter so an einem Ast stehen, daß sie möglichst viel Sonnenlicht einfangen, ohne andere Blätter zu verdecken.) Die Fibonacci-Reihe ist eines von mehreren sehr einfachen mathematischen Modellen zur Beschreibung von Wachstumsprozessen, das sehr viele natürliche Wachstumsprozesse zutreffend beschreibt.

Neben ihren Verbindungen mit der Welt der Natur haben die Fibonacci-Zahlen auch noch eine Reihe von kuriosen mathematischen Eigenschaften. Die vielleicht faszinierendste ist, daß sie eng mit dem berühmten »Goldenen Schnitt« verknüpft sind. Dieses schon bei den alten Griechen sehr beliebte und als besonders harmonisch geltende Verhältnis der verschiedenen Längen und Größen bei einer Statue, einem Bauwerk oder einem Gemälde kann mathematisch mit Hilfe der Zahl Φ (Phi), 1,61803..., näher beschrieben werden.

Nach einer oft zitierten Überlieferung glaubten die Griechen der Antike, daß ein Rechteck dem Auge besonders harmonisch erscheint, wenn seine Seitenlängen in einem Verhältnis x stehen, das auf folgende Weise erzeugt wird. Nehmen wir eine gerade

Linie AB und teilen sie durch einen Punkt P so auf, daß sich die Streckenlänge AP zur Streckenlänge PB verhält wie die Länge x zur Länge »1«, daß also das Verhältnis AP zu PB (mathematisch geschrieben: »AP : PB«) gleich dem Verhältnis x : 1 ist:

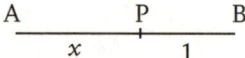

In diesem Beispiel haben wir die Längen einfach so gewählt, daß die Strecke PB die Länge 1 hat, um uns das Rechnen zu erleichtern.

Wenn wir nun wollen, daß ein Rechteck mit der Längsseite AP und einer kürzeren Seite PB möglichst harmonisch wirkt, dann sollte das Verhältnis x zwischen dem längeren Segment AP und dem kürzeren PB genau das gleiche sein wie das Verhältnis der Gesamtlänge AB zu dem längeren Segment AP, kurz gesagt also: Die Gesamtlänge sollte sich zu dem längeren Segment genauso verhalten wie das längere Segment zu dem kürzeren.

Oder mathematisch ausgedrückt:

$$\frac{AB}{AP} = \frac{AP}{PB}$$

Dabei kommt es nicht auf die Einheiten an (also nicht auf die tatsächliche Länge von AB). Es ist gleich, ob AB einen Fuß, einen Meter oder eine Schnürsenkellänge lang ist. Für das »perfekte Rechteck« zählt nur das Verhältnis der Breite zur Höhe, das, was moderne Designer die *aspect ratio* nennen, und nicht die konkreten Längen. Darum können wir ja auch PB mit der tatsächlichen Länge 1 einfach so wählen.

Um den Goldenen Schnitt zu finden, müssen wir jetzt ein wenig Algebra betreiben. Da die Länge AP = x ist und die von PB = 1, ist AB = x + 1. Damit können wir obiges geometrisches Verhältnis auch als die Gleichung schreiben

$$\frac{x+1}{x} = \frac{x}{1}$$

Diese können wir, indem wir beide Seiten der Gleichung mit x multiplizieren, umformulieren als

$$1(x+1) = xx$$

oder

$$x + 1 = x^2.$$

Hieraus erhalten wir durch Umstellen die quadratische Gleichung

$$x^2 - x - 1 = 0$$

Wenn Sie sich an Ihre früheren Mathestunden zurückerinnern, wissen Sie vielleicht noch, daß quadratische Gleichungen zwei Lösungen haben, für die es eine Formel gibt (oft als »Mitternachtsformel« bekannt). Mit Hilfe dieser Formel erhalten Sie für unsere Gleichung folgende Lösungen:

$$x_1 = \frac{1 + \sqrt{5}}{2} \qquad \text{und} \qquad x_2 = \frac{1 - \sqrt{5}}{2}$$

Mit Hilfe des Taschenrechners erhalten wir als ungefähre Ergebnisse:

$$x_1 = 1{,}618... \text{ und } x_2 = -0{,}618... \,.$$

Der »Goldene Schnitt«, Φ, ist nun die positive dieser beiden Zahlen. Sie ahnen vermutlich schon, daß da noch mehr hinter Φ steckt, wenn Sie fragen, was denn jetzt mit der negativen Lösung der quadratischen Gleichung los ist, mit $-0{,}618...$. Auch diese Zahl hat unendlich viele Stellen hinter dem Komma. Abgesehen von dem Minuszeichen sieht dieses x_2 fast genauso aus wie x_1, eben nur ohne die 1 vor dem Komma. Und das ist auch tatsächlich der Fall. Die negative Lösung ist gleich $-\frac{1}{\Phi}$, eine ziemliche Seltenheit für die Lösungen von quadratischen Gleichungen. Vielleicht ist den Griechen hier schon etwas aufgefallen, als sie befanden, daß diese spezielle Zahl besondere Aufmerksamkeit verdient.

Nach der Überlieferung sollen sie dann, als sie ihren Goldenen Schnitt entdeckt hatten, dieses Proportionenverhältnis in ihre Architektur integriert und dafür gesorgt haben, daß ihr Blick überall in ihren prachtvollen Städten wohlgefällig auf Rechtecke im Goldenen (oder auch Göttlichen) Schnitt zu fallen käme. Vielleicht war es ja wirklich so, aber moderne Historiker bezweifeln das. Ganz gewiß läßt sich die oft wiederholte Behauptung, der Parthenon in Athen sei nach dem Goldenen Schnitt konstruiert, durch Messungen nicht beweisen.

Es sieht sogar so aus, daß diese ganze Geschichte über die alten Griechen und den Goldenen Schnitt haltlos ist. Das einzige, was wir sicher wissen, ist, daß Euklid in seinem berühmten Lehrbuch *Die Elemente* um 300 v. Chr. zeigte, wie man den Wert Φ berechnet. Aber er schien sich mehr für Mathematik als für Architektur zu interessieren, denn er nannte die Zahl entschieden unromantisch »Teilung im inneren und äußeren Verhältnis«. Der Ausdruck »Göttliche Proportion« kam erstmals in einer dreibändigen Veröffentlichung des Mathematikers Luca Pacioli im 15. Jahrhundert auf. »Golden« wurde der Schnitt sogar noch viel später, nämlich erst 1835 in einem Buch des Mathematikers Martin Ohm, dessen Bruder Georg Simon als Physiker das später nach ihm benannte Gesetz über elektrische Widerstände formulierte.

Ob die Griechen nun wirklich den Goldenen Schnitt als die perfekte Proportion für ein Rechteck empfanden – vielen Menschen heutzutage geht das überhaupt nicht so, auch wenn man immer wieder Gegenteiliges lesen kann. In zahlreichen Tests ist es nie gelungen, eine spezielle Rechteckform nachzuweisen, die von einer Mehrheit von Versuchspersonen bevorzugt würde, und solche Präferenzen werden auch leicht von anderen Faktoren beeinflußt. Auch die Behauptung, Architekten hätten ihren Bauwerken immer wieder den Goldenen Schnitt zugrunde gelegt, hält einer gründlichen Überprüfung nicht stand – obwohl etwa der französische Architekt Le Corbusier in einer seiner Schaffensperioden ganz begeistert von dieser Idee war.

Es stimmt, daß so mancher Künstler mit Φ geflirtet hat, aber auch hier sollte man sorgfältig Fakten und Mythen auseinanderhalten. Die oft wiederholte Behauptung, Leonardo da Vinci habe geglaubt, der Goldene Schnitt beschreibe das Verhältnis zwischen Höhe und Breite eines »perfekten« menschlichen Gesichts, und er habe die Zahl Φ zur Konstruktion seines »Mannes nach Vitruv« verwendet, läßt sich wohl nicht beweisen. Das gleiche gilt für die nicht minder populäre Behauptung, bei Botticelli sei Φ in sein Gemälde »Die Geburt der Venus« eingegangen. Nachweislich Φ genutzt haben Maler wie Sérusier, Juan Gris und Giro Severini, alle im frühen 19., und Salvador Dalí im 20. Jahrhundert, aber alle vier haben wohl eher aus Neugier mit Φ experimentiert als aus irgendwelchen intrinsischen ästhetischen Gründen.

Anders als bei all den falschen Behauptungen über die Rolle des Goldenen Schnitts für die Ästhetik, für Kunst und Architektur spielt dieses Phänomen definitiv eine grundlegende Rolle beim Pflanzen- und Blütenwachstum.

Die Natur, immer auf Effizienz bedacht, scheint das gleiche Prinzip zu nutzen, um Körner in einer Samenkapsel unterzubringen, Blütenblätter anzuordnen und Blätter aus Zweigen wachsen zu lassen. Diese Effizienz bleibt auch dann noch erhalten, wenn die Pflanzen wachsen. Was geschieht hier?

Das Pflanzenwachstum erfolgt aus einer sehr kleinen Zellgruppe an der Spitze eines Triebes, dem sogenannten Meristem. An jedem Zweigende gibt es ein Meristem, und nur dort werden neue Zellen gebildet. Die bereits gebildeten Zellen wachsen und schieben das Meristem vor sich her. Um eine bestmögliche

Anordnung von Blättern und weiteren Trieben zu erreichen und möglichst viel Sonnenlicht einzufangen, wachsen diese Zellen spiralförmig, als ob sich das Meristemgewebe um einen gewissen Winkel drehen würde, bevor ein neues Blatt oder ein neuer Trieb angelegt wird. Aus diesen Zellen können dann ein neuer Zweig oder an einer Blüte Blütenblätter und Staubgefäße entstehen.

Wunderbarerweise reicht ein festgelegter Rotationswinkel, um ein optimales Wachstum zu ermöglichen, ganz gleich wie groß die Pflanze jeweils ist. Beim Blattwuchs sorgt dieser Winkel dafür, daß sich die Blätter so wenig wie möglich überdecken und den darunter wachsenden Blättern möglichst wenig Licht wegnehmen.

Schon im 18. Jahrhundert vermuteten Mathematiker, daß ein festgelegter Rotationswinkel hierzu am effizientesten in der Lage ist – auch hier kam der Goldene Schnitt wieder ins Spiel. Dennoch dauerte es noch sehr lange, bis alle Teile des Puzzles zusammengesetzt waren. Das letzte noch fehlende Stück wurde erst 1993 gefunden, und zwar von zwei französischen Wissenschaftlern, Stéphane Douady und Yves Couder.

Heute wissen wir, warum die Zahl Φ eine so wichtige Rolle beim Pflanzenwachstum spielt. Der naturwissenschaftliche Teil der Antwort lautet, daß das Verhältnis Φ eine optimale Lösung für die Wachstumsgleichungen darstellt. Aus mathematischer Sicht stellte sich heraus, daß von allen irrationalen Zahlen Φ (in einem sehr präzisen, technischen Sinn) am weitesten davon entfernt ist, als Bruch dargestellt werden zu können.[22] Dies erklärt, warum man bei der Untersuchung des Pflanzenwachstums so häufig auf die Fibonacci-Reihe stößt. Entscheidend ist die enge Verbindung zwischen dieser Reihe und dem Goldenen Schnitt.

Worin genau besteht dieser Zusammenhang? Hierzu nur folgendes: Je weiter man in der Fibonacci-Reihe fortschreitet, desto stärker nähern sich die Verhältnisse zweier aufeinanderfolgender Fibonacci-Zahlen dem Goldenen Schnitt an ($\frac{2}{1} = 2$; $\frac{3}{2} = 1{,}5$; $\frac{5}{3} =$

1,666...; $\frac{8}{5}$ = 1,6; $\frac{13}{8}$ = 1,625; $\frac{21}{13}$ = 1,615; $\frac{34}{21}$ = 1,619; $\frac{55}{34}$ = 1,618 usw.). Von $\frac{55}{34}$ an gibt jeder dieser Quotienten Φ auf die ersten drei Kommastellen genau an.

Eine andere Methode, um zu dem gleichen Ergebnis zu kommen, basiert auf der Erkenntnis, daß die n-te Fibonacci-Zahl ungefähr gleich einem bestimmten Vielfachen der n-ten Potenz von Φ ist. Damit kann man die n-te Fibonacci-Zahl berechnen, ohne die ganze Reihe der vorhergehenden Fibonacci-Zahlen zu erstellen: Man nimmt einfach Φ, potenziert es mit n, teilt es durch $\sqrt{5}$ und rundet das Ergebnis auf die nächste ganze Zahl auf – und schon hat man die n-te Fibonacci-Zahl.

Fibonacci-Zahlen findet man also deswegen überall in der Pflanzenwelt, weil die Fibonacci-Reihe diejenige Folge von ganzen Zahlen ist, die am nächsten dem Goldenen Schnitt folgt. Und weil die Zahl von Blütenblättern, Spiralen, Staubgefäßen oder was auch immer eine ganze Zahl sein muß, »rundet« die Natur natürlich auf die nächste ganze Zahl auf. Kurz: Fibonacci-Zahlen kommen überall in der Fauna vor, weil das Pflanzenwachstum den Regeln des Goldenen Schnitts folgt.

Und wieder zeigt uns die Natur durch ihre harmonische Ordnung, daß sie Mathematikerin ist.

Nur ein kleiner Schritt: 7
Die Mathematik der Bewegung

Ein Basketballspieler in vollem Lauf hält plötzlich an, dreht sich auf einem Bein und springt dann in die Höhe, um einen Korb zu werfen. Ein Fisch, der gerade noch regungslos im Wasser stand, erhascht mit einem Blick eine plötzliche Bewegung und zischt wie ein Pfeil mit einem kaum wahrnehmbaren Flossenschlag in die Sicherheit der Gräser ab. Eine Katze springt elegant vom Boden auf ein Regal, das in einem Mehrfachen ihrer Körperhöhe angebracht ist, und landet sanft und sicher zwischen all den Sammeltassen, ohne daß eine einzige zu Bruch geht. Eine Kakerlake huscht über den Küchenboden, um dem gerade eingeschalteten Deckenlicht zu entkommen. Ein Kormoran gleitet leise und elegant über den Ozean, bis er im Wasser unter sich einen Fisch erspäht, worauf er wie ein Pfeil hinabstürzt und sich seine Beute sichert. Ein Kolibri schwebt majestätisch über einem Blütenkelch. Seine scheinbare Bewegungslosigkeit ist nichts anderes als das Ergebnis eines derart schnellen Flügelschlages, daß das menschliche Auge ihn nur noch als Schatten wahrnehmen kann.

Unsere Welt ist voller Bewegung. Die Evolution hat die meisten Lebewesen so ausgestattet, daß sie sich von Ort zu Ort bewegen können – auf der Suche nach Nahrung, nach einem Partner, oder um vor Gefahr zu fliehen. Menschen und Strauße laufen auf zwei Beinen, Pferde und Hunde auf vier, Kakerlaken auf sechs, Spinnen auf acht. Schlangen kriechen, Fische schlagen mit ihren Flossen. Vögel fliegen, indem sie mit ihren Flügeln flattern. Dieses schmackhafte weiße Krabbenfleisch, das wir in Tomatensoße tunken, ist ein einziger Muskel – er macht etwa 40 Prozent des Gesamtgewichts des Tieres aus –, der von der Natur zu einem einzigen Zweck geschaffen wurde: zur Erzeugung eines kräftigen Rückstoßes, um das Tier mit einer Beschleunigung aus der Gefahrenzone zu bringen, die, umgerechnet auf die Muskeln eines Menschen, jeden Olympiasprinter neidisch machen würde. Ähnlich kann ein Tintenfisch mit der Kraft, die er hervorbringt, wenn er einen Hochgeschwindigkeits-Wasserstrahl erzeugt, um sich per Rückstoß von einer plötzlichen Gefahr zu entfernen, die Raketeningenieure der NASA alt aussehen lassen.

Wie machen diese Tiere das alles? Wie bewegen sich Tiere zu Wasser, zu Land und in der Luft? Neuere Untersuchungen[23] haben ergeben, daß trotz der scheinbar großen Vielfalt der Fortbewegungsarten alle Lebewesen einen sehr ähnlichen Mechanismus zur Fortbewegung nutzen. Und wenn sie in Bewegung sind, dann machen sie allesamt Gebrauch von hochkomplizierter Mathematik, einer impliziten, fest verdrahteten Mathematik.

Damit haben wir jetzt eine dritte Form kennengelernt, wie Mathematik in der Natur vorkommt. In den Kapiteln 1, 2, 4 und 5 betrachteten wir Beispiele, wo Lebewesen »programmiert« sind, in ihrem normalen Alltagsleben bestimmte Berechnungen durchzuführen. In Kapitel 6 sahen wir, wie das Wachstum eines Tieres oder einer Pflanze präzisen mathematischen Gesetzmäßigkeiten folgt. In diesem und dem nächsten Kapitel schauen wir uns nun an, wo Mathematik in den *mechanischen Strukturen* verschiedener Tiere steckt. Wir beginnen mit der Fortbewegung von Tieren; dann, in Kapitel 8, betrachten wir die Mathematik des Sehens – die Funktionsweise des Auges. In beiden Fällen stoßen wir auf ausgeklügelte Mathematik, und wir werden sehen, daß die Natur praktisch alle Lebewesen – einschließlich uns Menschen, also auch Sie und mich – mit einem sehr effizienten mechanischen Computer ausgestattet hat, damit wir genau die Mathe-Aufgaben zu lösen imstande sind, die diese Lebewesen und wir brauchen, um im Leben zurechtzukommen und zu sehen, wohin wir laufen.

Zu Wasser, zu Lande und in der Luft

Einen ersten Eindruck von der Schwierigkeit der Mathematik der Bewegung bekommt man angesichts der Tatsache, daß selbst nach fünfzig Jahren gut finanzierter Forschungen zur Konstruktion computergesteuerter Maschinen bis heute noch niemand einen Roboter gebaut hat, der gut auf zwei Beinen laufen kann. Tatsächlich können selbst die besten vier- oder sechsbeinigen Roboter nichts auch nur annähernd so gut wie ein durchschnittlicher Hund oder Mistkäfer. Erst die Erfindung des Rades vor vielen tausend Jahren ermöglichte dem Menschen den Bau effizienter Transportfahrzeuge. Wenn es aber um die Konstruktion von Maschinen geht, die die Fortbewegungsarten der Natur imitieren, sind wir immer noch in der Vorschule.

Dabei lassen sich alle Bewegungen auf nur zwei physikalische Grundprinzipien zurückführen, die schon Isaac Newton vor 350 Jahren beschrieben hat. Das eine ist, daß Bewegung aus dem Einwirken einer Kraft resultiert: Kraft = Masse × Beschleunigung. Das andere besagt, daß jede Kraft eine gleichwertige und entgegengesetzte Gegenkraft bewirkt. Die große Vielfalt der Bewegungsarten, die wir um uns herum beobachten können, kommt nicht durch unterschiedliche Bewegungsprinzipien zustande, sondern durch den grenzenlosen Einfallsreichtum der Natur, Wege zu finden, um Newtons beide physikalischen Gesetze anzuwenden – ein Einfallsreichtum, der es erforderte, verschiedene Lebewesen mit verschiedenen Formen hochspezialisierter (eingebauter) Mathematik zu versehen.

Forschungen der letzten fünf Jahre haben ergeben, daß die Mathematik der Bewegung keineswegs in den Gehirnen der Lebewesen zu finden ist. Vielmehr hat die Natur ihre Schöpfungen mit Knochengerüsten, Muskelapparaten und Nervensystemen ausgestattet, die dem Gehirn helfen, die für die Bewegung nötige Mathematik zu erledigen.

Wie wir gleich sehen werden, ist die Mathematik, die in einer Kakerlake vorgehen muß, damit sie laufen kann, weitaus schwieriger und komplizierter als die meisten Rechenaufgaben, die wir normalerweise mit einem Taschenrechner lösen. Die Kakerlake ist sogar ein besonders spektakuläres Beispiel für die mathematischen Fähigkeiten der Natur: Die mathematischen Prinzipien, die beim Laufen von Kakerlaken im Spiel sind, sind denen sehr ähnlich, die man zur Kontrolle der modernsten Hochleistungs-Kampfjets verwendet.

Keine Fortbewegung im Tierreich ohne Muskeln. Muskeln sind Organe, die sich wiederholt zusammenziehen können. Diese Kontraktionen müssen in Fortbewegung umgewandelt werden. Bei vielen Lebewesen, auch beim *Homo sapiens* und anderen Säugetieren, geschieht dies durch ein System von Hebeln, elastischen Elementen und Verbindungen – wir nennen sie Knochen, Knorpel, Sehnen und Gelenke –, die gemeinsam mit den Muskeln das sogenannte Skelettmuskelsystem bilden. Dieses System, wie auch immer es aussieht, wandelt die wiederholten An- und Entspannungsbewegungen der Muskeln in Bewegung um.

Für solche Umwandlungen können raffinierte Konstruktionen erforderlich sein. Betrachten wir das Ganze zum Beispiel einmal beim Auto. Die »Muskeln« des modernen Automobils sind die Zylinder im Motor. Das wiederholte Auf und Ab der Kolben im Zylinder stellt die Elementarbewegungen dar, die das Auto zum Fahren bringen. Doch damit das funktioniert, braucht man ein ziemlich komplexes System von Hebeln, Gelenken und Rädern. einschließlich Kupplung und Schaltung, bis sich der Wagen auch tatsächlich in die gewünschte Richtung bewegt. Noch mehr komplexe Systeme – den Beschleunigungs-, den Brems- und den Steuermechanismus – sind nötig, um sicherzugehen, daß das Auto auch in die gewollte Richtung fährt, und das auch noch so, daß die Insassen dabei nicht zu Schaden kommen.

Zur Konstruktion eines modernen Autos braucht man eine Menge Mathematik. Diese Mathematik geht nicht einfach »verloren« oder wird »vergessen«, wenn der Wagen einmal die Fabrik verlassen hat. Vielmehr »macht« praktisch die gesamte Struktur des Wagens beim Fahren »die Mathematik«, die zur Fortbewegung nötig ist. Wenn wir wollten, könnten wir den gesamten Kraftfluß – all diese Gestänge, Transmissionsriemen, Zahnräder und Hebel – als einen Computer betrachten, der wieder und wieder die gleichen Berechnungen durchführt. Das tun wir normalerweise aber nicht, weil wir eine Maschine, die nur eine einzige spezielle Berechnung durchführt oder nur ganz wenige Rechenschritte und diese immer wiederholt, nicht als Computer ansehen. Ein Computer ist für uns vielmehr ein Gerät, das wir programmieren können, um damit viele unterschiedliche Berechnungen durchzuführen.

Die Natur war nicht weniger einfallsreich als menschliche Ingenieure. Sie konstruierte Mechanismen, mit deren Hilfe Muskelbewegungen in zielgerichtete, geordnete Bewegungen umgewandelt werden. Bei diesen Mechanismen sind oft ziemlich anspruchsvolle mathematische Prinzipien nachweisbar – sogar derart anspruchsvolle, daß es, wie bereits erwähnt, menschlichen Ingenieuren bislang noch nicht gelungen ist, einen vierbeinigen Roboter zu konstruieren, der so gut läuft wie ein Hund, oder einen zweibeinigen, der besser läuft als ein Kleinkind, das gerade laufen lernt.[24]

Tatsächlich gingen die Ingenieure zu der Zeit, als die Roboter anfingen, laufen zu lernen, von ihrer damaligen Vorstellung aus, wie Tiere laufen: Sie dachten, das Gehirn sei die zentrale Kontrolleinheit, die den gesamten Bewegungsprozess steuert, indem es Signale zur Steuerung der einzelnen Muskeln aussendet. In den letzten Jahren wurde aber entdeckt, daß die Natur viel effizienter vorgeht. Das Skelettmuskelsystem beispielsweise eines Säugetieres oder eines Insekts ist (durch natürliche Selektion) so konstruiert, daß die notwendigen Steuerbefehle auf sämtliche Ebenen des Systems verteilt sind; das Gehirn muß sich nur noch auf die eher globalen Aspekte konzentrieren, insbesondere darauf, wohin und wie schnell das Lebewesen sich bewegen will. Als Ergebnis dieser Entdeckungen versuchen die Ingenieure inzwischen, Roboter auf eine ähnliche Weise zu konstruieren: Ein Großteil der Mathematik wird in die mechanischen Strukturen des Roboters integriert und dem kontrollierenden Computer werden die eher übergeordneten Aspekte überlassen.

Viele der neuesten Entdeckungen zur Bewegung der Tiere wurden gemacht, indem man Sensoren an verschiedenen Muskeln und Gelenken von Vögeln und anderen Tieren anbrachte, die Signale an Computer sandten. Die dabei ermittelten Informationen sollen bei der Beschreibung helfen, wie das Tier sich letztlich bewegt.

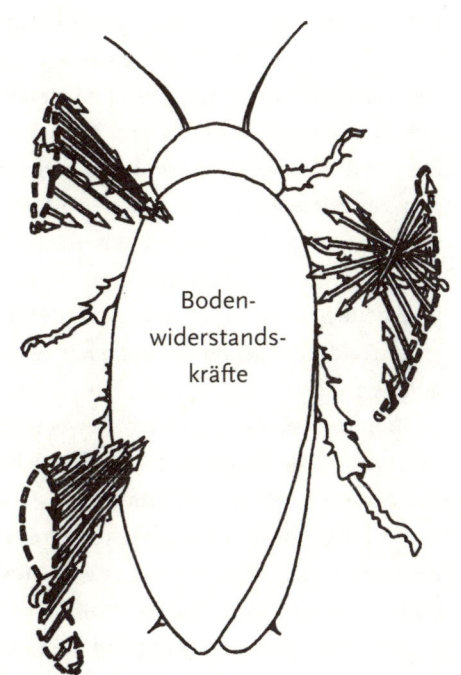

Abbildung 7.1:
Die sechs Beine einer Kakerlake arbeiten gegeneinander, indem sie sowohl in Richtung Körpermitte drücken als auch eine Vorwärtsbewegung des Tieres ermöglichen.

Boden-widerstands-kräfte

Im Fall der Kakerlake zum Beispiel arbeiten die sechs Beine tatsächlich die meiste Zeit paarweise gegeneinander, stabilisieren so die Körperhaltung und sorgen zugleich für eine Vorwärtsbewegung (siehe Abb. 7.1). Dadurch gewinnt das Insekt an Trittsicherheit und rutscht nicht so leicht einen Abhang hinunter oder wird von einem Windstoß umgepustet. Außerdem kann die Kakerlake so auch bei Gefahr schnell ihre Richtung ändern. Das sollte auch ein Kampfjet können, und deshalb versuchen Luftfahrtingenieure, dieses Prinzip zu kopieren, indem sie moderne Düsenjäger intrinsisch aerodynamisch instabil konstruieren. Dann wird das Flugzeug nur noch durch die Erzeugung von gegenläufigen Kräften auf Kurs gehalten, die in Echtzeit durch schnelle eingebaute Computer unter Kontrolle gehalten werden.

Die Bewegung der sechs Beine der Kakerlake muß ebenfalls sehr sorgfältig koordiniert werden, damit daraus eine gleichmäßige Vorwärtsbewegung entsteht und das Tier nicht ins Stolpern kommt. Mathematisch gesehen muß dazu ein kompliziertes System von Differentialgleichungen in Echtzeit gelöst werden. Die Lösungen dieser Gleichungen stellen dann Anweisungen an die Muskeln dar, zu welchem Zeitpunkt genau ein bestimmtes Bein mit welcher Kraft und mit welcher Schrittweite zu bewegen ist. Für einen menschlichen Mathematiker wäre es schon eine große Herausforderung, diese Gleichungen zu lösen, selbst mit Hilfe eines leistungsfähigen Computers. Für die Kakerlake ist das überhaupt nicht schwierig, denn die Evolution hat sie zu einem automatischen Löser genau dieser Differentialgleichungen gemacht.

Aber die Mathematik der Bewegung betrifft nicht nur die Bewegung von Beinen. Es muß auch berücksichtigt werden, welche Auswirkungen die Bewegung auf den gesamten Körper eines Lebewesens hat. Insbesondere solche, die aufrecht auf zwei oder vier Beinen gehen, wie Menschen, Menschenaffen, Hunde oder Pferde, müssen mit den erheblichen Spannungen zurechtkommen, die ständig auf die Knochen und Gelenke jedes

Beins ausgeübt werden. Diese Kräfte können bis zu 30 Prozent der Belastungsgrenze erreichen, an der ein Knochen bricht; das ist weit mehr, als man beim Haus-, Brücken- oder Maschinenbau erlauben würde.

Damit Bewegungen nicht ständig mit Knochenbrüchen enden, sind Tiere so gebaut, daß sie bei schnellerer Bewegung automatisch ihre Gangart ändern und damit die auftretenden Kräfte besser abfedern. So haben zum Beispiel Pferde vier unterschiedliche Grundgangarten: Schritt, Trab, Kanter und Galopp. Ähnlich ist es beim Menschen: Wir gehen, laufen und rennen. Die Überwachung und Kontrolle einer solchen Spanne unterschiedlicher Bewegungsmuster ist eine komplizierte Aufgabe, die umfangreiche (angeborene) Mathematik verlangt. Noch komplizierter wird das Bewegungssystem durch die erforderliche Balancekontrolle, insbesondere bei Wesen, die auf zwei Beinen laufen und damit schon an sich instabil sind. Die Kontrolle wird zum großen Teil durch ein komplexes System von Sensoren und Rückkopplungsmechanismen erreicht. Diese Sensoren überwachen ständig alle Aspekte von Haltung und Bewegung und senden Signale an die Muskeln, um die Bewegungen entsprechend zu regulieren.

Der Unterschied zwischen dem Gehen bzw. langsamen Laufen und (jeder Art von) schnellerem Laufen ist besonders auffällig. Beim langsamen Laufen fungieren die Beine im Prinzip wie ein starrer Stock, über den das Tier sein Gewicht wuchtet; beim schnelleren Laufen und Rennen dagegen arbeiten die Beine eher wie eine Hüpfstange mit Sprungfedern, die die potentielle Energie durch Kompression speichert, wenn das Tier darauf springt, und die gespeicherte Energie in Form von kinetischer Energie wieder abgibt, wenn die Feder sich entspannt und das Gewicht des Tieres vorantreibt (siehe Abb. 7.2). Untersuchungen haben ergeben, daß vierbeinige Tiere ihre Beine paarweise koordinieren, und zwar auf eine dieser beiden Arten (Prinzip »Stock« oder »Hüpfstange«).

Fische bewegen sich durch seitliche Körperbewegungen (etwa

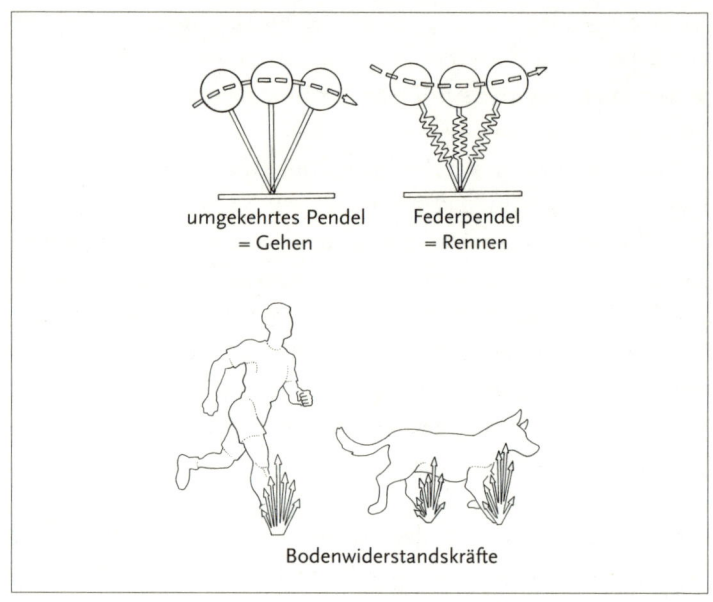

Abbildung 7.2: *Vergleich zwischen Gehen und Rennen. Beim Gehen wirkt das Bein im Prinzip wie eine starre Stelze, über die das Tier sein Gewicht bewegt. Beim Rennen funktioniert das Bein dagegen eher wie ein Sprungstab.*

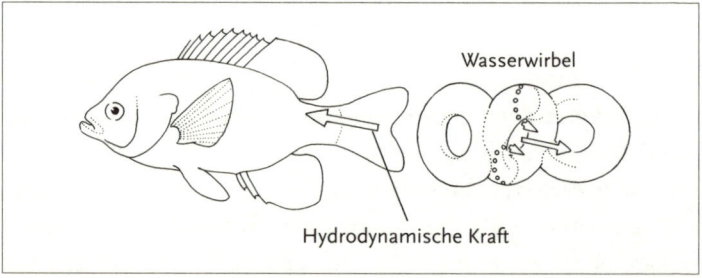

Abbildung 7.3: *Ein Fisch bewegt sich vorwärts, indem er mit seiner Schwanzflosse nach links und rechts ausschlägt. Dies erzeugt eine Kette von miteinander verbundenen Wirbeln, hier dargestellt durch ein Computermodell. Die Vorwärtsbewegung ist eine direkte Folge des Zweiten Newtonschen Bewegungsgesetzes.*

Schlagen mit den Flossen), bei denen Energie an das umgebende Wasser übertragen wird, um so eine Kette von miteinander verbundenen kreisförmigen Wirbeln zu erzeugen, wie Abbildung 7.3 zeigt. Die Vorwärtsbewegung entsteht dann als eine direkte Folge des Zweiten Newtonschen Bewegungsgesetzes. In diesem Fall haben die mathematischen Gleichungen, die dieser Bewegung zugrunde liegen, bislang allen Lösungsversuchen widerstanden. Es ist sogar noch nicht einmal bekannt, ob es überhaupt eine Lösung in Form einer der üblichen Gleichungen gibt, die Bewegungen beschreiben. Die Illustration der Wirbel in Abb. 7.3 wurde rechnerisch per Computer erzeugt. Im inzwischen vertrauten Sinn der »Mathematik der Natur« löst der Fisch diese Gleichungen einfach dadurch, daß er schwimmt.

Wie sieht es schließlich mit dem Fliegen aus? Seit Jahrtausenden schauen die Menschen schon den Vögeln hinterher, die über sie hinwegfliegen, und haben immer schon überlegt, wie es wohl wäre, sie durch die Lüfte zu begleiten. Wie wir wissen, hat es ziemlich lange gedauert, bis dieser Traum Wirklichkeit wurde. Das war erst dann der Fall, als wir aufhörten zu versuchen, so zu fliegen wie Vögel (d. h. durch Flügelschlagen), und uns statt dessen auf die Mathematik verließen.

Der Trick beim Fliegen besteht darin, sich das Zweite Newtonsche Bewegungsgesetz zunutze zu machen. Das bedeutet, eine nach unten gerichtete Kraft (d. h. einen abwärtsgerichteten Luftstrom) zu erzeugen, die stark genug ist, damit die daraus resultierende gleich große und entgegengesetzte Gegenkraft (bekannt unter dem Fachbegriff *lift*) die nach unten gerichtete Schwerkraft überwinden kann. Hubschrauber können dies auf direktem Weg: Der große waagerechte Rotor erzeugt einen nach unten gerichteten Luftstrom. Bei Flugzeugen mit Flügeln wird der nach unten gerichtete Luftstrom in einer indirekten Weise erzeugt. Ein oder mehrere Triebwerke oder Propeller versetzen das Flugzeug in eine horizontale Bewegung. Diese Bewegung hat zur Folge, daß sich die Luft relativ zum Flugzeug entlang dem Rumpf und den

Flügeln nach hinten bewegt. Indem man Rumpf und Flügel entsprechend konstruiert und beide (im sogenannten »Angriffswinkel«) leicht aufwärts gerichtet anordnet, wird die über Rumpf und Flügel strömende Luft nach unten gezwungen, und die daraus resultierende Gegenkraft erzeugt den *lift*, der das Flugzeug in der Luft hält.

Wie bei einem schwimmenden Fisch wird auch beim Fliegen ein Großteil der Energie eines Flugzeugs in Form von Luftwirbeln auf die Luft der Umgebung übertragen. Bei einem großen, modernen Jet können sich diese Luftwirbel noch mehrere Kilometer hinter dem Flugzeug herziehen und andere Flugzeuge beeinflussen. Deswegen ist es verboten, daß Flugzeuge auf der gleichen Flugbahn zu nahe nebeneinanderfliegen.

Den Gleitflug von Vögeln kann man ähnlich erklären. Doch die Mathematik des Fluges von Vögeln, wenn sie mit den Flügeln schlagen, ist viel komplizierter. Im wesentlichen muß der Flügelschlag eines Vogels einen ausreichend starken, nach unten gerichteten Luftstrom erzeugen, damit das Zweite Newtonsche Gesetz einen Auftrieb bewirkt. Doch wie das genau geschieht, ist derzeit noch unbekannt. Was wir heute über den Vogelflug wissen, stammt eher aus der Beobachtung von Zeitlupenaufnahmen fliegender Vögel, von Computersimulationen und der Konstruktion von Modellen als aus der Lösung von mathematischen Gleichungen zur Beschreibung dieses Fluges.

Bei vielen Insekten und Vögeln, die wie der Kolibri in der Luft stehen können, sind die aerodynamischen Verhältnisse wieder etwas anders. In diesen Fällen ist der Angriffswinkel der Flügel so steil, daß die Standardgleichungen zur Beschreibung des Fluges von Flugzeugen vorhersagen, daß der Luftstrom über den Flügeln abreißen müßte und der Vogel abstürzt. Das geschieht in Wirklichkeit deswegen nicht, weil die Bewegung der Flügel einer Schleifenbewegung folgt, was wiederum aerodynamische Kräfte in verschiedene Richtungen bewirkt, die in ihrer Summe eine Aufwärtsbewegung zur Folge haben (s. Abb. 7.4).

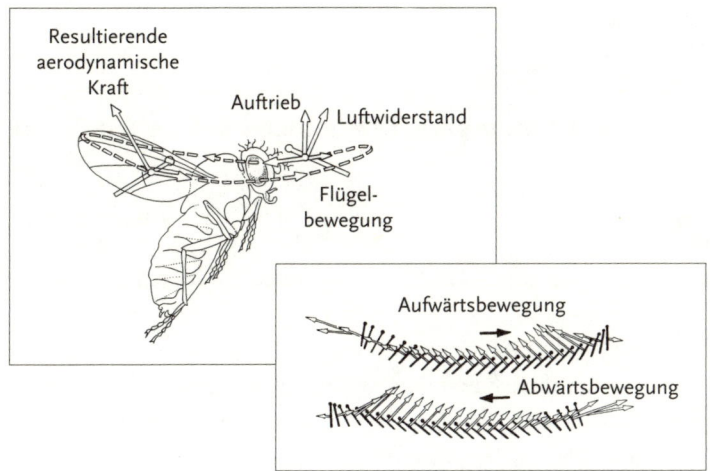

Abbildung 7.4: *Bei manchen Fluginsekten und Vögeln, die in der Luft auf der Stelle schweben können, beschreibt die Flügelbewegung eine Schleife, die aerodynamische Kräfte erzeugt. Diese bilden in ihrer Summe einen netzartigen Auftrieb und halten das Tier in der Luft.*

Für kleinere Fluginsekten ist die Mathematik des Fluges nochmals anders. In diesen Fällen wird die Viskosität der Luft zu einem relevanten Faktor, und das Insekt bleibt nicht in der Luft, indem es die Luft nach unten verdrängt, sondern indem es mit seinen Flügeln gegen eine Luftmasse schlägt, die sich aufgrund ihrer Trägheit der Verdrängung widersetzt.

Welcher Mechanismus im Einzelfall auch immer verwendet wird, Tatsache ist, daß Fliegen viel mit Mathematik zu tun hat. Wie üblich hat die Natur diese Mathematik in den Flugapparat dieser Lebewesen »eingebaut«. Doch wenn wir Menschen versuchen, diese Mathematik explizit nachzuvollziehen, stehen wir vor Gleichungen, die wir nicht exakt, sondern nur näherungsweise lösen können.

Die verborgene Mathematik des Sehens   **8**

Sehen ist etwas so Grundlegendes, etwas, das wir derart für selbstverständlich halten und wozu die meisten Lebewesen in der Lage sind, daß es verzeihlich ist, wenn Sie annehmen, daß es sich dabei um eine relativ einfache Angelegenheit handelt.[25] Auf naive Weise könnte man den Sehvorgang einfach so beschreiben, daß Licht in das Auge eindringt, durch die Augenlinse gebündelt wird, auf die Netzhaut, die Retina, im hinteren Teil des Auges auftrifft und dadurch ein elektrisches Signal erzeugt. Dieses wandert dann entlang dem Sehnerv ins Gehirn, und das Gehirn interpretiert es schließlich als »Sehen«. Alles richtig – im Prinzip. Es ist nur so, daß diese Erklärung überhaupt nicht viel besagt. Tatsächlich wird dadurch, daß man sich auf die Rolle des Auges konzentriert, das meiste vernachlässigt, was für den Sehvorgang notwendig ist. Denn das passiert nicht im Auge, sondern im Gehirn. Anatomisch kann man die Augen zwar auch als einen Teil des Gehirns betrachten, aber für unsere Zwecke hier ist es praktisch, sie als separate Organe außerhalb des Gehirns anzusehen, die mit diesem nur verbunden sind. Außerdem sind bei den Aufgaben, die das Gehirn beim Sehvorgang übernimmt, riesige Mengen (angeborener) Mathematik notwendig.

Ein größeres Problem, das die Natur (d. h. die natürliche Auslese) lösen mußte, als sie die Augen entwickelte, war, dafür zu sorgen, daß wir Tiefe sehen können, daß wir also die Welt als dreidimensional wahrnehmen, voller kompakter Objekte, einige davon näher als andere und manche von dritten teilweise verdeckt. Für das *Gehirn* ist das deswegen eine Herausforderung, weil das Bild auf der Netzhaut zweidimensional ist – zwangsläufig sein muß, denn es handelt sich um ein *Abbild* auf einer leicht gekrümmten, zweidimensionalen Oberfläche. Normalerweise hat man zwei solcher Bilder, eines von jedem Auge, und das ist auch schon ein wichtiger Teil der Lösung, die die Natur hier gefunden hat. Doch das zweiäugige Sehen ist nicht alles, denn auch Menschen mit nur einem Auge haben eine Tiefenwahrnehmung, die ein ganz normales Leben ermöglicht.

Warum beim Sehvorgang Mathematik erforderlich ist, wird dann deutlich, wenn man sich Licht vorstellt, das in Form einer Ellipse, also eines symmetrischen Ovals, auf die Netzhaut fällt. Handelt es sich dabei tatsächlich um das Bild einer Ellipse oder um das eines von der Seite betrachteten Kreises (siehe Abb. 8.1 a)? Oder stellen Sie sich ein Buch vor, das flach vor Ihnen auf dem Tisch liegt. Außer wenn man direkt von oben auf das Buch schaut, entsteht auf der Netzhaut immer das Bild eines Trapezes, also eines verzerrten Vierecks, wobei das näher gelegene Ende ein größeres Bild auf der Netzhaut erzeugt als das weiter entfernte (s. Abb. 8.1 b, c). Dennoch nehmen wir das Buch als rechteckig wahr. Denn es ist das Gehirn, das die Verzerrungen des Netzhautbildes für uns unbewußt korrigiert.

Man kann zum besseren Verständnis auch einmal ein einzelnes Lichtteilchen, ein Photon, betrachten, das von einem Objekt ausgeht oder reflektiert wird, durch die Linse ins Auge gelangt und dann auf die Retina trifft. Rein physikalisch betrachtet, enthält dieses Photon keine Information über seine Herkunft. Es könnte von einer Lichtquelle stammen, die einige Zentimeter oder auch viele Kilometer entfernt ist. Eine Methode, die Entfernung der Lichtquelle zu ermitteln, besteht darin, den Winkel zwischen beiden Augen zu messen, wenn sie die Lichtquelle fixieren. Dies ist tatsächlich eine (von mehreren) Methoden, wie unser Gehirn Entfernungen bestimmt, und hierfür ist Mathematik erforderlich – in diesem Fall Trigonometrie (siehe Abb. 8.2).

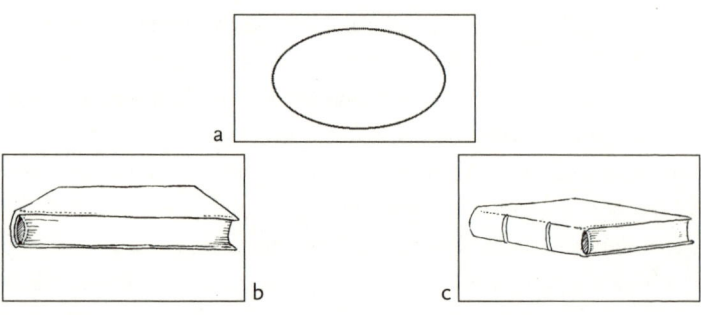

Abbildung 8.1: *(a) Eine Ellipse von oben betrachtet und ein Kreis, den man von der Seite sieht, erzeugen auf der Netzhaut des Auges identische Bilder. Ohne zusätzliche Hinweise können wir nicht entscheiden, wobei es sich bei dem gesehenen Objekt tatsächlich handelt. (b) Ein Buch, das auf einem Tisch liegt, sieht von der Unterkante aus betrachtet trapezförmig aus. (c) Das gleiche Buch ist, von der Seite betrachtet, nicht mehr rechtwinklig. In beiden Fällen – (b) und (c) – »sieht« der menschliche Betrachter das Buch aber als vollkommen rechtwinklig. Im Gehirn wird die Verzerrung durch den veränderten Sehwinkel automatisch und unbewußt korrigiert.*

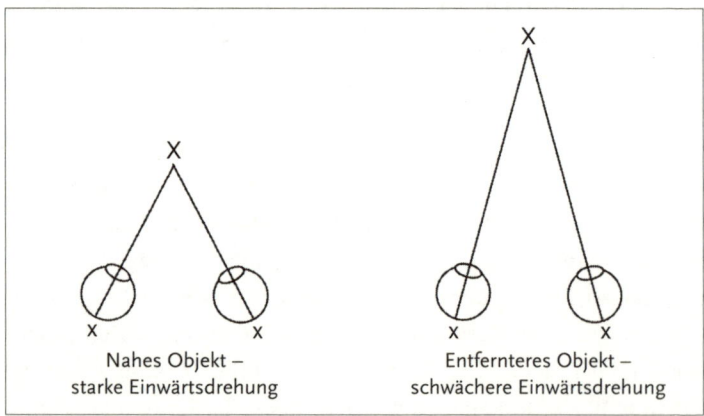

Abbildung 8.2: *Je näher wir einem Objekt sind, desto stärker müssen sich die beiden Augen nach innen richten, um es scharf zu stellen. Kennt man den Drehwinkel der Augen, kann man durch eine einfache trigonometrische Rechnung die Entfernung zu dem Objekt ausrechnen.*

Eine weitere Methode besteht darin zu bestimmen, wie stark sich die Augenlinse krümmen muß, um ein Objekt »scharf einzustellen«. Jede Linse beugt Lichtstrahlen so, daß das gesamte Licht, das von einem bestimmten Punkt eines Objekts reflektiert wird, auf der gleichen Stelle der Retina eintrifft. Je näher das Objekt ist, desto stärker muß sich die Linse krümmen. Die Stärke, bis zu der eine Linse Licht beugen kann, hängt von der Krümmung ihrer beiden Seiten ab – und läßt sich mit einer recht komplizierten mathematischen Formel berechnen. Die Augenlinse besteht aus einem flüssigkeitsgefüllten Beutel, dessen Form durch Muskeln verändert werden kann. Durch eine Veränderung der Krümmung der Linsenoberfläche kann das Auge Objekte in unterschiedlichen Entfernungen scharf sehen. Das System aus Linse und den verschiedenen Muskeln hat sich so entwickelt, daß die Stärke der Linsenkrümmung Informationen über die Entfernung gesehener Objekte liefert (siehe Abb. 8.3).

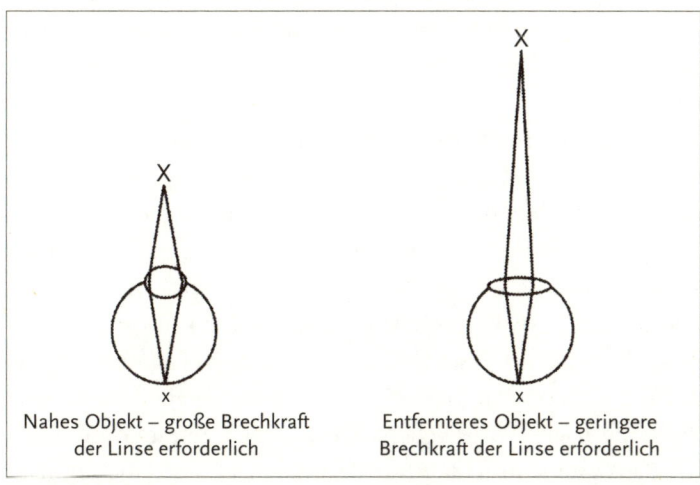

X

X

Nahes Objekt – große Brechkraft
der Linse erforderlich

Entfernteres Objekt – geringere
Brechkraft der Linse erforderlich

Abbildung 8.3: *Das Auge stellt ein Objekt scharf, indem es die Form der Linse verändert. Je näher das Objekt, desto stärker muß die Linse gekrümmt sein. Eine komplizierte mathematische Formel verknüpft die Entfernung des Objekts mit der Krümmung der Linse.*

Doch mit (angeborener) Mathematik ist es nicht getan. Zum Sehen ist es außerdem notwendig, daß das Gehirn verschiedene Vermutungen darüber anstellt, was es sieht, Vermutungen aufgrund früherer Erfahrungen der Welt. Einige dieser Vermutungen stammen bereits aus der Umgebung, in der unsere stammesgeschichtlichen Vorfahren lebten, und wurden im Laufe der Evolution als automatische Eigenschaften in unser Sehsystem integriert. Andere stammen aus unserer eigenen lebensgeschichtlichen Erfahrung der Welt, in der wir leben. Was wir sehen, ist dadurch bestimmt, was für unsere Vorfahren zu sehen vorteilhaft war.

Dies ist einer der Fälle, bei denen Mathematik nicht ausreicht. Selbst Mathematik plus Evolution plus Erfahrung reicht nicht. Der Grund dafür ist, daß das Problem, die wahre Form eines Objekts nur anhand der Bilder zu erkennen, die es auf der Netzhaut erzeugt, einfach nicht lösbar ist. Es ist unlösbar, ganz gleich, wie viele Mechanismen dazu verwendet werden. Denn für jedes Bild auf der Retina gibt es unendlich viele Objekte, die so aussehen *könnten*. Deshalb können uns auch Psychologen und Erfinder optischer Täuschungen Dinge sehen lassen, die gar nicht vorhanden sind.

Ein Beispiel für diesen Sachverhalt ist die Verwendung von Perspektive und Schattierung bei Gemälden, um einen Eindruck von Tiefe hervorzurufen. Wenn wir ein Gemälde (oder eine Fotografie) betrachten, haben wir einen Eindruck von Tiefe. Was wir sehen, ist aber nicht vollkommen dreidimensional. Unser Gehirn läßt sich nicht völlig täuschen. Insbesondere kann sich unsere Augenlinse auf die gesamte Leinwand scharfstellen und teilt uns auf diese Weise mit, daß wir auf eine nur wenige Zentimeter entfernte flache Oberfläche schauen. Doch zumindest ein Teil des Sehsystems wird überlistet und sieht eine Tiefe, die gar nicht vorhanden ist; so bekommen wir annähernd einen Eindruck von Dreidimensionalität.

Einen realistischeren dreidimensionalen Eindruck erhalten wir durch sogenannte Stereobilder, bei denen jedem Auge ein

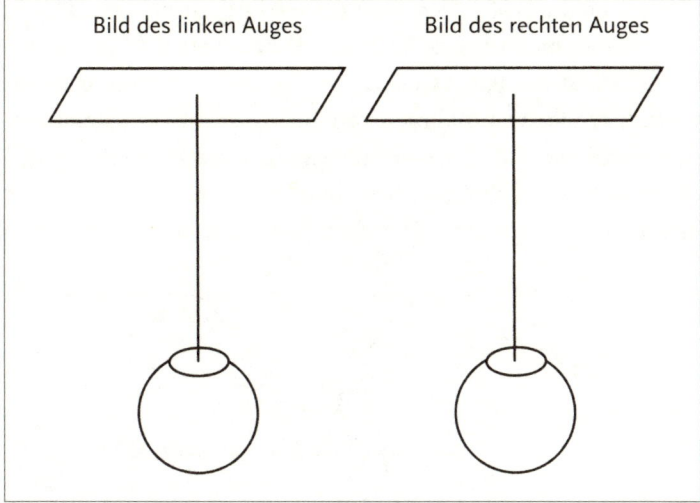

Abbildung 8.4: *Das Stereogramm erzeugt die Illusion von dreidimensionalem Sehen, indem dabei jedem Auge ein Bild präsentiert wird, das das Auge auch sehen würde, wenn es die gleiche Szene in der Realität betrachten würde.*

eigenes Bild angeboten wird, die beide jeweils von einer eigenen Kamera aufgenommen wurden, wobei diese Kameras in der gleichen Entfernung wie die zwei Augen in einem Gesicht voneinander postiert wurden (siehe Abb. 8.4). In diesem Fall beruht die Illusion von Tiefe auf dem optischen Phänomen der sogenannten Parallaxe, die im 19. Jahrhundert von dem Physiker Charles Wheatstone (1802–1875) entdeckt wurde.

Das Sehsystem nutzt die Parallaxe zum Erzeugen des räumlichen Sehens, das Informationen über die Anordnung von Objekten zueinander liefert, etwa, welche Objekte weiter entfernt sind als andere und wie weit. In Abbildung 8.5 sind sowohl die »binokulare Parallaxe« als auch das räumliche Sehen dargestellt.

Wheatstone konstruierte mit Hilfe von Holz und Spiegeln das erste Stereoskop, eine Vorrichtung zum Betrachten von Stereobildern. Heute bestehen diese Geräte meist aus billigem Plastik und werden an Urlaubsorten als Souvenirs verkauft. Dabei handelt es sich um eine Art Guckkasten mit zwei Linsen, in dem der Betrachter meist Aufnahmen von einer lokalen Touristenattraktion sieht. Diese Bilder sind mit einem versetzten Blickwinkel aufgenommen: Jedes Bild wird jeweils um den Augenabstand verschoben fotografiert. Die Kombination von verschiedenen

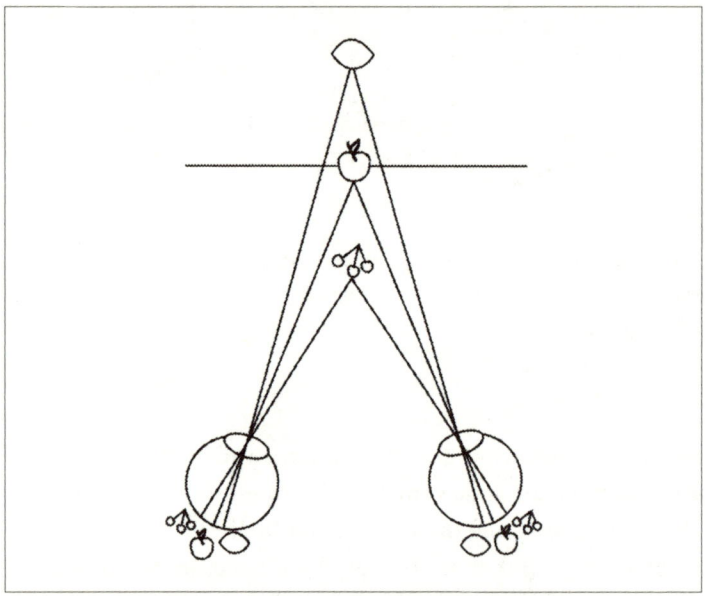

Abbildung 8.5: *Dreidimensionales Sehen. Stellen Sie sich vor, auf einem Tisch vor Ihnen lägen Kirschen vor einem Apfel, und hinter diesem eine Zitrone. Sie richten Ihren Blick auf den Apfel. Die Netzhautabbilder von Kirschen und Zitrone entstehen neben dem des Apfels, wie dargestellt. Je weiter der Apfel von den anderen Früchten entfernt liegt, desto weiter werden die Netzhautabbilder voneinander getrennt sein. Das Sehsystem leitet aus dieser Anordnung der Netzhautbilder die Position der gesehenen Objekte ab und erschafft so im Kopf ein dreidimensionales Bild, dessen Tiefenverhältnisse korrekt wahrgenommen werden.*

Aufnahmewinkeln und Linsen läßt die Illusion entstehen, ein räumlich relativ weit entferntes Panorama oder Motiv zu sehen. Dies geschieht unter anderem dadurch, daß eine Wand im Guckkasten dafür sorgt, daß jedes Auge nur das Bild sieht, das es sehen soll. Durch die Linsen wird dem Auge eine größere Entfernung des aufgenommenen Motivs vorgegaukelt. Durch die Kombination von verschiedenen Aufnahmewinkeln und Linsen entsteht beim Betrachter die Illusion, die Szenerie in einiger Entfernung und räumlich zu sehen. Bei Wheatstones erster Konstruktion in seinem Versuchslabor waren die beiden Fotografien sehr viel größer und weiter vom Betrachter entfernt. Die beiden Bilder wurden über ein System von Spiegeln zu den Augen gelenkt und waren durch eine hölzerne Trennwand voneinander getrennt. Deswegen war auch keine Linse erforderlich.

Der dreidimensionale Effekt in den sogenannten 3D-Kinos in Vergnügungsparks wie Disneyworld oder im Kennedy Spaceflight Center in Florida entsteht dadurch, daß die Besucher spezielle Brillen tragen, deren linkes und rechtes Glas nur Licht unterschiedlicher Polarisierung durchläßt. Damit kann jedes Auge nur jeweils eines von zwei gleichzeitig, aber mit verschieden polarisiertem Licht erzeugten Bildern erkennen. Bei einem anderen System tragen die Besucher Helme mit eingebauten kleinen LCD-Bildschirmen (liquid crystal display), bei denen elektronisch in so rascher Folge, daß es der Betrachter nicht bemerkt, zwischen zwei aus jeweils unterschiedlichem Winkel aufgenommenen Bildern hin- und hergeschaltet wird. Hier ist der Trick, beiden Augen jeweils die Bilder zu präsentieren, die entstehen würden, wenn der Betrachter tatsächlich am Ort des Geschehens wäre. Diese Technik ist natürlich deswegen so attraktiv für Vergnügungsparks, weil es sich bei den Bildern auch um computergenerierte Phantasieszenen handeln kann, die der Betrachter in der Realität niemals erleben könnte.

Bereits in den 1950er Jahren gab es frühe Versuche, 3D-Filme zu produzieren. Dabei wurden zwei Stereobilder auf die Leinwand projiziert, eines in Grün und eines in Rot. Die Zuschauer erhielten Pappbrillen, deren eine Seite mit roter, die andere mit grüner Kunststofffolie beklebt war. Damit sollte sich ein 3D-Effekt einstellen, und die Zuschauer sollten den Film in Schwarz-Weiß sehen können. Das Verfahren funktionierte zwar im Prinzip, aber die Qualität der Bilder war derart schlecht, daß die Technik im Versuchsstadium steckenblieb.

Übrigens ist beim Menschen die Fähigkeit zum räumlichen Sehen bei der Geburt noch nicht völlig ausgebildet. Sie entwickelt sich aber ziemlich rasch etwa im dritten oder vierten Lebensmonat. Ein Hinweis hierauf war, daß Neugeborene wenig Interesse an Stereogrammen haben, dann aber, wenn sie sie richtig erkennen können, meist fasziniert davon sind. Die übliche Erklärung dafür lautet nicht, daß das räumliche Sehen erlernt werden muß. Weil es von dem Abstand der beiden Augen abhängt, wird vielmehr angenommen, daß die Natur damit wartet, bis durch das Wachstum dieser Abstand endgültig erreicht ist, und das ist etwa 12 bis 16 Wochen nach der Geburt der Fall. Bei Kindern oder Jungtieren, die aus irgendwelchen Gründen während dieses entscheidenden Entwicklungsabschnitts eine Augenklappe über einem Auge tragen müssen, entwickelt sich die Fähigkeit zum räumlichen Sehen oder zum Abschätzen von Entfernungen nicht mehr.

Eine noch dramatischere Illustration, wie das Sehsystem getäuscht werden kann, sind die faszinierenden Autostereogramme. Das sind computergenerierte Bilder, die auf den ersten Blick wie eine zufällige Ansammlung von Punkten oder wirren Mustern aussehen. Wenn man sie aber auf eine bestimmte Weise eine Zeitlang anstarrt, springen plötzlich dreidimensionale Bilder aus der Papierebene hervor. Diese Darstellungsform wurde eher zufällig von dem Psychologen Christopher Tyler entdeckt, als er über das beidäugige Sehen forschte.

Das Betrachten eines Autostereogramms macht es erforderlich, einzelne Eigenschaften unseres Sehsystems, die normalerweise koordiniert zusammenwirken – um die Wahrscheinlichkeit zu verringern, daß unser Geist durch das, was wir sehen, verwirrt wird –, wieder voneinander zu trennen. Deshalb dauert es bei vielen Menschen ein paar Sekunden oder sogar Minuten, bis sich der gewünschte Effekt einstellt und ein dreidimensionales Bild entsteht. Manche Menschen behaupten, ihnen würde das nie gelingen, und reagieren verständnislos auf die »Aaahs!« und »Ohhs!« ihrer Mitmenschen beim Betrachten dieser Bilder.

Zum allerersten Mal sah ich eines dieser Bilder um 1990, als sie gerade populär wurden. In einem Posterladen in Maine stieß ich auf eine Gruppe junger Leute, die alle um ein Poster herumstanden und weiß Gott was zu sehen behaupteten. »Schauen Sie selbst!« meinte einer von ihnen zu mir. Ich schaute mir das Bild an. Nichts. »Sie müssen sich konzentrieren«, sagte einer. »Schauen Sie, als ob Sie in die Ferne schauen wollten«, meinte ein anderer. Ich sah immer noch nichts außer einem ziemlich beliebigen Punktemuster aus drei verschiedenen Farben. Nach einer Weile war ich überzeugt, daß ich in ein Experiment von Psychologiestudenten hineingeraten war. Ich befand mich in einer Universitätsstadt, und den Leuten in dem Geschäft schien so etwas zuzutrauen zu sein. Sehen konnte ich nichts, also war ich fest entschlossen, auch nicht zuzugeben, etwas sehen zu können, wenn das nicht stimmte. Und ich vermutete, es handle sich um Experimentatoren, die nachweisen wollten, daß Leute wie ich, die gar nicht sehen könnten, was alle anderen angeblich deutlich sahen, dies nicht gern zugeben würden. Doch dann, nach vielen Versuchen, gelang es auch mir, meinen Blick »hinter« das Bild schweifen zu lassen, und auch in meinem Kopf formte sich ein dreidimensionales Bild – zuerst schemenhaft, doch schließlich ganz deutlich: die Freiheitsstatue, eines der ersten kommerziell verfügbaren Autostereogramme.

Der Trick bei den Autostereogrammen besteht darin, daß sie einen der Mechanismen betrügen, die unser Gehirn verwendet,

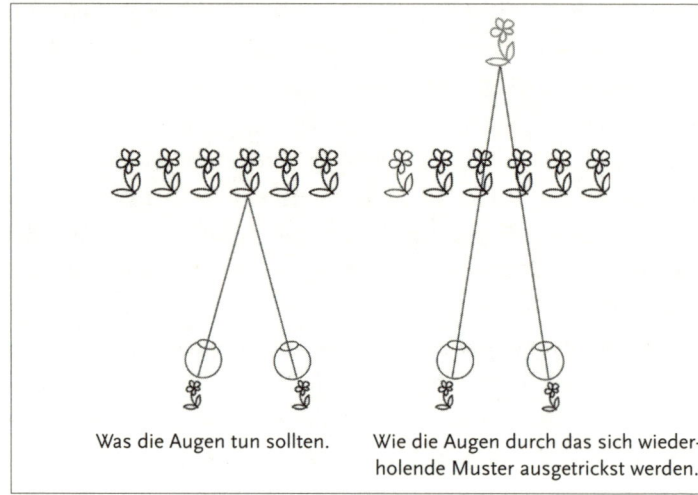

Was die Augen tun sollten.

Wie die Augen durch das sich wiederholende Muster ausgetrickst werden.

Abbildung 8.6: *(a) Das Autostereogramm täuscht das Sehsystem so, daß dieses ein dreidimensionales Bild wahrnimmt. Das Gehirn nimmt an, daß zwei identische Bilder, die es von den beiden Augen erreichen, auch von dem gleichen Objekt stammen (links). Ein passend gestaltetes Muster sich wiederholender identischer Muster kann das Gehirn veranlassen, zwei getrennte Elemente als ein einziges, hinter der Papierebene befindliches wahrzunehmen. Dadurch entsteht der Eindruck eines dreidimensionalen Bildes (rechts).*

um festzustellen, von wo ein bestimmter Lichtstrahl kommt. Unser Gehirn nimmt an, daß dann, wenn ein Bild (oder ein Teil eines Bildes) auf der Netzhaut eines der Augen genauso aussieht wie das des anderen Auges, beide Augen auf exakt das gleiche Objekt gerichtet sind. Unter normalen Umständen funktioniert diese Methode (die ja schon in Abb. 8.2 illustriert wurde) fehlerfrei. Autostereogramme nun entfalten ihre Wirkung dadurch, daß darauf sehr viele identische Bilder über die gesamte Seite angebracht sind. Aber einige davon sind so positioniert, daß das Gehirn denkt, gewisse Bildpaare der beiden Netzhäute kämen von dem gleichen Bildobjekt – in Wirklichkeit kommen sie aber

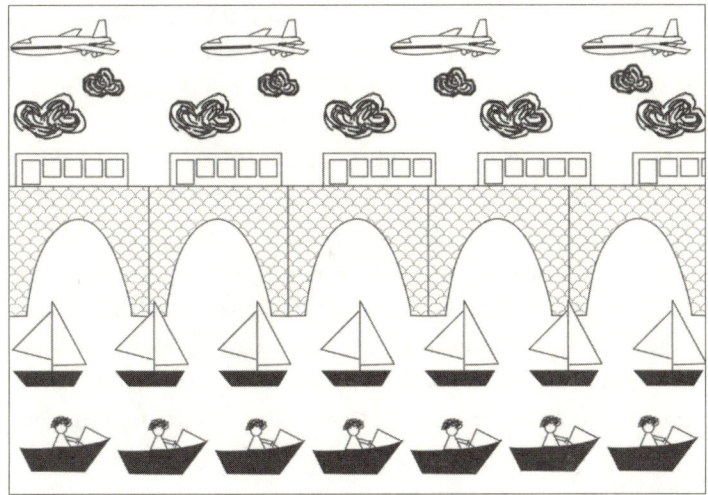

(b) Betrachten Sie diese Zeichnung längere Zeit, und es werden sich fünf verschiedene räumliche Ebenen abzeichnen: Die großen Wolken scheinen über der Brücke zu schweben, die kleineren Wolken treten im Vergleich zur Brücke zurück, und die Flugzeuge erscheinen weit im Hintergrund. Die Segelschiffe scheinen dagegen vor der Brücke zu schwimmen, und die kleinen Motorboote noch vor diesen. Dies ist kein perspektivisches Sehen, sondern eine authentische optische Wahrnehmung von drei Dimensionen.

von zwei verschiedenen (aber ansonsten identischen) Bildbestandteilen (siehe Abb. 8.6).

Eine weitere Methode, das Sehsystem zu überlisten, besteht darin, es in eine Umgebung zu bringen, auf die es weder durch die Evolutionsgeschichte noch durch eigene lebensgeschichtliche Erfahrung vorbereitet wurde. Auf diesem Prinzip beruhen jene faszinierenden verzerrenden Räume, in denen ein kleines Kind größer aussieht als seine Mutter. Solche Räume findet man in Museen und Vergnügungsparks wie dem San Francisco Exploratorium oder dem Mystery Spot in Santa Cruz, Kalifornien. Sie wurden von dem Maler und Psychologen Adelbert Ames jr.

erfunden. Seine Idee war es, einen Raum mit unregelmäßigen Formen zu bauen, der jedoch, von einem bestimmten Punkt aus durch ein Guckloch betrachtet – von seiner Position hängt die gesamte Konstruktion des Raums entscheidend ab –, wie ein völlig normaler Raum mit rechten Winkeln aussieht. Hierzu werden Wände, Böden und Decken in einem bestimmten Winkel geneigt, Linien auf Wände, Böden und Decken gemalt, um diese parallel bzw. aufeinander senkrecht erscheinen zu lassen. Manchmal werden noch einige sorgfältig ausgewählte Objekte aufgestellt, die selbst so konstruiert sind, daß sie »normal« aussehen, obwohl sie in Wirklichkeit vollkommen verzerrt sind (siehe Abbildung 8.7). Wenn nun ein Beobachter den Raum durch das Guckloch betrachtet, dann deuten sämtliche optischen Merkmale darauf hin, daß der Raum ein ganz gewöhnlicher ist. Also verarbeitet auch das Sehsystem aus Augen und Gehirn die Szene so, als ob es sich tatsächlich so verhielte – mit dem Ergebnis, daß der Beobachter automatisch und unbewußt die gesehenen Körpergrößen von Mutter und Kind so anpaßt, daß sie scheinbar in

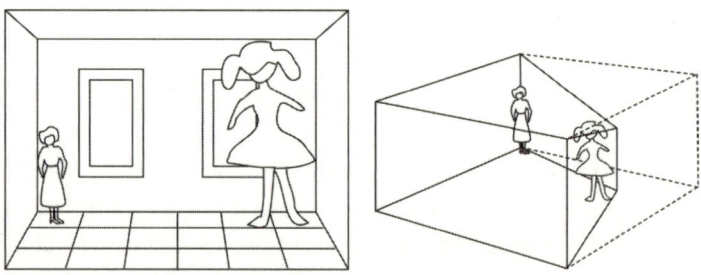

Abbildung 8.7: *Ein Ames-Raum. Adelbert Ames jr. konstruierte einen stark verzerrten Raum, der, durch ein Guckloch in der Wand betrachtet, aussieht wie ein gewöhnlicher rechteckiger Raum. Stehen jedoch zwei Personen wie gezeigt in diesem Raum, wirkt plötzlich das in Wahrheit kleinere Mädchen größer als seine Mutter.*

die Umgebung hineinpassen. Weil unser Gehirn weiß, daß ein Objekt um so kleiner wirkt, je weiter es entfernt ist, erscheint auch hier die Tochter, die viel weiter entfernt zu sein scheint als ihre Mutter, aber in Wirklichkeit viel näher ist, größer als ihre Mutter.

Eine ähnliche Erfahrung können wir machen, wenn wir den Mond betrachten. Wenn der Mond sehr niedrig am Abendhimmel steht, erscheint er viel größer als hoch oben am Himmel. Offensichtlich verändert der Mond aber nicht seine Größe je nachdem, ob er hoch oder niedrig am Himmel steht – es wirkt nur so. Wenn er sich am Horizont befindet, liefern die Objekte am Erdboden einen Vergleichsmaßstab zur Entfernungsbestimmung. Unser optischer Wahrnehmungsapparat registriert, daß der Mond weiter entfernt ist als alles auf der Erde, also paßt er dessen empfundene Größe automatisch an und macht ihn scheinbar größer. Wenn der Mond hoch am Himmel steht, kann unser Sehsystem einen solchen Vergleich jedoch nicht anstellen und nimmt dementsprechend auch keine Anpassung vor.

Ein weiteres Phänomen, das unser Sehsystem zur Erzeugung eines räumlichen Seheindrucks verwendet, beruht auf Bewegungsgeschwindigkeiten. Jeder, der einmal den Film *Krieg der Sterne* (oder einen der vielen anderen) oder die Fernsehserie *Raumschiff Enterprise* gesehen hat, kennt den einfachen Effekt, daß Lichtpunkte, die sich aus dem Zentrum des Bildschirms an den Rand bewegen, beim Betrachter das starke Gefühl auslösen, er selbst werde zur Bildschirmmitte hingezogen. Einige Bildschirmschoner für Computer erzeugen den gleichen Effekt. Er entsteht, weil das Gehirn im Laufe der Evolution gelernt hat, nach außen gerichtete Bewegungen dieser Art als Bewegungen beweglicher Objekte auf den Betrachter zu und über ihn hinaus zu interpretieren. Wären schon unsere Vorfahren mit solchen Bildschirmschonern (als Teil ihres Alltags) aufgewachsen, hätte unser Gehirn nicht gelernt, diese zwangsläufig als Vorwärtsbewegung zu interpretieren.

Übrigens handelt es dabei um eine recht anspruchsvolle dreidimensionale Trigonometrie, die auch als Festkörpergeometrie bekannt ist: Sie verbindet die Bewegung von Objekten zu den Rändern eines flachen Bildschirms mit einem Empfinden eines dreidimensionalen Flugs in den Bildschirm hinein – oder umgekehrt die Bewegung von Bildpunkten in Richtung der Bildschirmmitte mit einem dreidimensionalen Flug aus dem Bildschirm heraus.

Auch hier behauptet natürlich niemand, der typische Zuschauer, der gern *Krieg der Sterne* sieht, berechne dies alles explizit im Kopf. Vielmehr hat auch hier die Evolution durch die natürliche Auslese ein Gehirn geschaffen, das diese Mathematik automatisch ausführt.

Wir sind immer noch nicht fertig. Die Natur hat noch viele weitere Methoden, uns Tiefe sehen zu lassen. Insbesondere hat uns die evolutionäre Erfahrung dazu gebracht, (automatisch) Licht- und Schatteneffekte, Dichte und Klarheit von Objekten einer Szenerie und bestimmte Winkel von Ecken mit Tiefe in Verbindung zu bringen. Einige Beispiele hierfür zeigt Abb. 8.8.

Schließlich bleibt die verwirrende Frage, wie wir Objekte unabhängig von dem Blickwinkel erkennen, aus dem wir sie sehen. (Manchmal sieht man Bilder von vertrauten Objekten aus sehr ungewöhnlichen Perspektiven, die dafür sorgen, daß man den Bildern nur schwer die richtigen Objekte zuordnen kann; aber dabei handelt es sich meist um Nahaufnahmen, während wir die Objekte im Alltag von weiter weg betrachten.) Es dürfte jetzt klar sein, warum das ein solches Rätsel ist: Speziell deswegen, weil es sich bei unseren Netzhautabbildern um zweidimensionale Projektionen der Objekte handelt. Das Gehirn kann zwar dann mit Hilfe der oben erwähnten Tricks daraus wieder einen räumlichen Eindruck herstellen, aber als Ergebnis könnte ein mentales Bild entstehen, das sich recht erheblich von den uns vertrauteren Bildern des betreffenden Objekts unterscheidet. Betrachten Sie

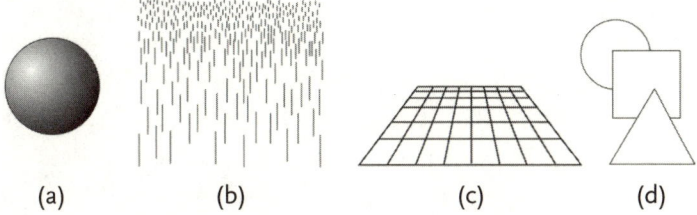

(a)   (b)   (c)   (d)

Abbildung 8.8: *Anhaltspunkte, die unser Gehirn auf räumliche Tiefe schließen lassen:*

(a) Lichtquelle und Reflexion/Schatten

(b) Zunehmende Dichte und abnehmende Auflösung

(c) Perspektivische Geometrie

(d) Verdeckungen: Wenn ein Objekt ein anderes verdeckt, nimmt das Gehirn an, daß das verdeckte Objekt weiter entfernt ist als das verdek- kende.

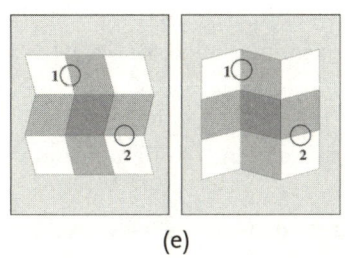

(e)

(e) Kanten: Beachten Sie, wie die Kanten unsere Interpretation der Schattierungen der beiden Figuren beeinflussen, obwohl die Grauschattierungen bei bei- den Figuren identisch sind. In der linken Figur betrachten wir Grenze 1 als Farbgrenze und Grenze 2 als Winkel zwischen zwei Ebenen; in der rechten Figur erscheint Grenze 1 als Winkel zwischen zwei Ebenen und Grenze 2 als Farbgrenze.

(f) Kanten: Manchmal ist ein zweidimensio- nales Bild (allein) nicht ausreichend, um zu erkennen, welches dreidimensionale Objekt damit dargestellt wird. Wir empfinden dieses Bild als ein Hin- und Herkippen zwischen einer von oben und einer von unten betrach- teten Treppe.

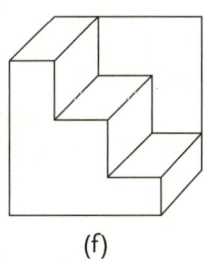

(f)

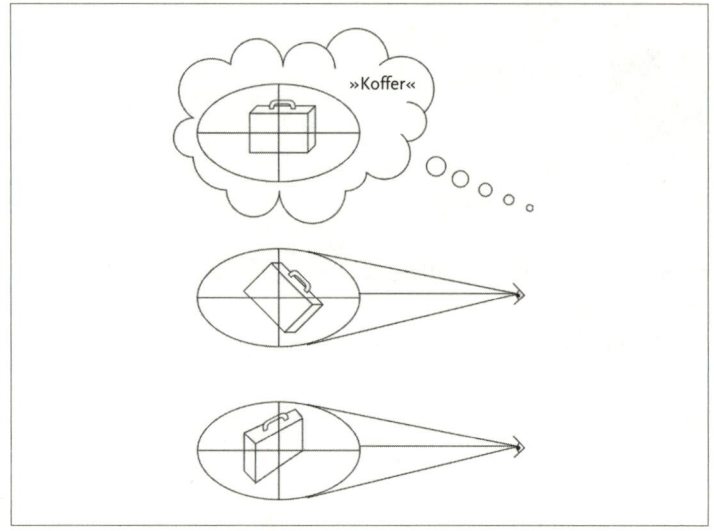

Abbildung 8.9: *Objekterkennung. Wie erkennen wir einen Koffer unabhängig davon, von welcher Seite wir ihn betrachten?*

zum Beispiel einmal die drei Ansichten eines Koffers in Abbildung 8.9.

Neuere Untersuchungen scheinen dem Rätsel näherzukommen. Offenbar werden viele Objekte mit einem eigenen Referenzrahmen gespeichert – ihrem eigenen x-, y-, z-Koordinatensystem, wenn Sie so wollen. Wenn das Gehirn ein Bild von einem Objekt empfängt, legt es daran dieses Koordinatensystem an und identifiziert es dann mit Bezug auf dieses spezielle Referenzsystem. Abbildung 8.10 verdeutlicht dies für den Fall unseres Koffers aus Abbildung 8.9.

Diese Theorie legt nahe, daß das Gehirn – wenn es einem Objekt begegnet, das es nicht unmittelbar aus seiner Erfahrung erkennt – ein Objekt um seine bevorzugte Achse dreht, bis etwas Bekanntes dabei herauskommt. Psychologische Experimente lassen vermuten, daß an dieser Theorie etwas dran sein könnte,

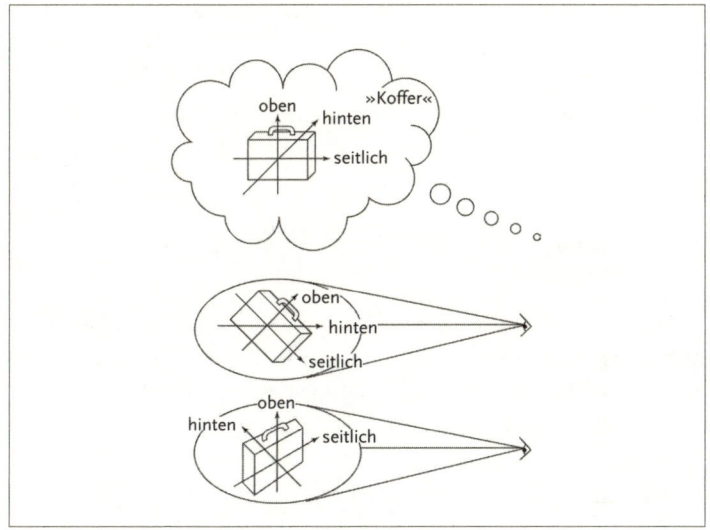

Abbildung 8.10: *Objekterkennung. Eine gängige Theorie besagt, daß jedes Objekt einen bevorzugten Referenzrahmen oder ein Koordinatensystem hat und daß wir Objekte immer im Bezug auf diesen bevorzugten Referenzrahmen wahrnehmen. Diese Abbildung zeigt, daß der Koffer im Bezug auf seine bevorzugten Achsen immer gleich aussieht, auch wenn er sich dem Betrachter in recht unterschiedlichen Formen präsentiert.*

denn die Zeit zum Erkennen eines in einer ungewohnten Perspektive präsentierten Objekts verlängert sich linear mit der Zahl der Drehungen, die erforderlich sind, um es in eine bekannte Position zu bringen.

Sie erhalten einen Eindruck davon, wie der Bezugsrahmen die Wahrnehmung eines Objekts beeinflussen kann, wenn Sie ein Quadrat, das waagerecht auf einer Seite liegt, mit einem identischen Quadrat vergleichen, das um 45 Grad gedreht ist und auf der Spitze steht, wie in Abbildung 8.11. Jeder betrachtet die erste Figur als Quadrat und die zweite als Rhombus oder Raute.

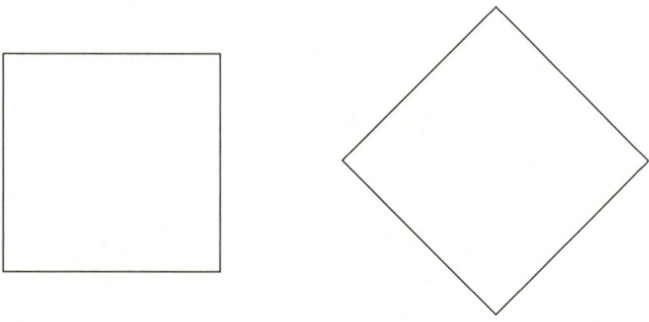

Abbildung 8.11: *Orientierung. Identische Figuren können aus verschiedenen Blickwinkeln unterschiedlich aussehen. Wir empfinden die linke Figur als Quadrat, die rechte dagegen als Rhombus, obwohl beide die gleiche Form haben.*

Abbildung 8.12: *Referenzrahmen. Das gleiche Objekt kann in Bezug auf unterschiedliche Referenzrahmen ganz anders aussehen. Das Element oben rechts sieht wie eine Raute aus, wenn man es gemeinsam mit den Figuren links neben ihm betrachtet, und zusammen mit den Figuren darunter wie ein Quadrat.*

Abbildung 8.12 zeigt den Effekt, den ein Referenzsystem haben kann. Die Figur oben rechts sieht wie eine Raute aus, wenn man sie mit den Figuren links zusammen betrachtet, und wie ein Quadrat, wenn man sie gemeinsam mit den rechten Figuren sieht.

Es wäre ein leichtes, noch weitere Aspekte des Sehens aufzuführen, aber die wichtigsten Mechanismen haben wir nun kennengelernt. Bestimmt aber haben wir genug gesehen, um jenseits aller Zweifel klarzumachen, daß wir nicht nur erst mit dem Gehirn wirklich sehen, sondern daß dieses auch noch beträchtliche Leistungen zu erbringen hat, um aus den zweidimensionalen Retinabildern unserer beiden Augen ein dreidimensionales Bild zu konstruieren. Außerdem benötigen die meisten automatisch und unbewußt eingesetzten Techniken »angeborene« Mathematik, darunter sehr komplizierte Verfahren. In dem Sinn, wie wir hier bereits mehrmals den Begriff »Mathematik der Natur« definiert haben, scheint also auch das Sehen nichts anderes zu sein als lupenreine Mathematik.

Tiere in der Mathestunde **9**

Die Beispiele für mathematische Höchstleistungen, die wir bis jetzt gesehen haben, waren zweifellos eindrucksvoll, aber entsprachen doch nicht so ganz dem, was wir normalerweise unter »Mathematik betreiben« verstehen. Bei der Mathematik von Wachstum und Form (Kapitel 6) könnte man einwenden, die Natur *bediene sich* der Mathematik, damit Tiere gewisse Fellzeichnungen entwickeln oder Pflanzen möglichst effektiv wachsen. Und bei der Mathematik der Bewegung oder des beidäugigen Sehens (Kapitel 7 und 8) habe die natürliche Auslese einfach solche Lebewesen hervorgebracht, deren physischer Aufbau die entsprechende Mathematik *verkörpere*. Das würde dann auch für den Menschen gelten. Wenn unser Gehirn ein dreidimensionales Abbild unserer Welt anhand der zweidimensionalen Netzhautbilder unserer Augen konstruiert, treiben wir dabei nicht bewußt Trigonometrie. Das müssen wir nicht erst in der Schule lernen. Vielmehr ist unser Gehirn so konstruiert, daß es die Signale von den Sehnerven automatisch so verarbeitet.

Auf der anderen Seite sind bei den Beispielen aus Kapitel 4 und 5, wie den Orientierungsleistungen der Tunesischen Wüstenameise, der Zugvögel oder Fische oder den architektonischen Leistungen und Navigationsleistungen der Honigbiene, zweifellos neuronale (nervliche) Aktivitäten beteiligt. Wenn wir selbst solche Aktivitäten an den Tag legen, nennen wir sie (möglicherweise unbewußtes) Denken. Aber können wir wirklich behaupten, daß diese Lebewesen (uns eingeschlossen) Mathematik betreiben? Man könnte auch meinen, der »Mathematiker«, dem hier die Lorbeeren gebühren, sei nicht die einzelne Ameise oder Biene, der einzelne Vogel oder Fisch, sondern Mutter Natur in Form der natürlichen Selektion. Die Geistesaktivität von Ameise, Vogel, Fisch oder Honigbiene ist rein instinktiv. In jedem Fall hat die Evolution in vielen hunderttausend Jahren ein Gehirn hervorgebracht, das speziell dafür geschaffen ist, eine oder zwei entscheidende Berechnungen durchzuführen, die das Überleben der Art sichern.

Aber die reine Tatsache, daß das Gehirn der Wüstenameise, des Indigofinks, der Biene oder des sehenden Menschen bestimmte Berechnungen automatisch, instinktiv, durchführen kann, bedeutet nicht, daß dieser Vorgang keine Mathematik wäre oder die Gehirnleistung geringer erschiene. Schließlich sind wir auch zu Recht beeindruckt, wenn ein Supercomputer eine schwierige Gleichung löst, und bezeichnen das mit Fug und Recht als »Mathematik«, selbst wenn der Computer kein Bewußtsein hat. Wenn wir also Computern – vollkommen unbelebten Objekten – zugestehen, daß sie Mathematik betreiben können, warum sollten wir ähnliche Leistungen von Lebewesen als weniger bemerkenswert ansehen oder ihnen die angemessene Bezeichnung verweigern?

Ich vermute jedoch, daß Sie immer noch das Gefühl haben, zwischen der Mathematik der Natur und der, die wir in der Schule lernen, gebe es einen Unterschied. Mir geht es genauso. Und zwar besteht der Unterschied in folgendem: Die geistigen Vorgänge, die wir gewöhnlich als Mathematik bezeichnen, umfassen *das mentale Umgehen mit Zahlen* und anderen *Konzepten*. Die arithmetischen Fähigkeiten von Babys, die wir in Kapitel 1 kennenlernten, gehören zweifellos in diese Kategorie, auch wenn sich die Kinder selbst noch nicht bewußt sind, Mathematik zu betreiben. Und hier folgt unsere eigentliche Frage: Sind Menschen einzigartig in dieser Hinsicht? Oder haben auch Tiere numerische Fähigkeiten? Haben andere Lebewesen ein Konzept von »1«, »2« oder »3«? Können sie rechnen? Können sie, wie Menschen, Mathematik *erlernen?*

Die Antwort lautet eindeutig: Ja. Dabei rede ich nicht einmal über Menschenaffen, unsere nächsten Verwandten im Stammbaum der Evolution. Auch Tiere mit kleinem Gehirn wie Ratten und Vögel haben numerische Fähigkeiten, die durch Training verbessert werden können.

Ratten – was Hunger mit dem Mathe-Instinkt zu tun hat

Besonders gut dokumentiert wurden numerische Fähigkeiten bei Ratten. (Warum gerade bei Ratten? Ganz einfach: Es ist eine lange Tradition, Ratten als Versuchstiere in der Wissenschaft einzusetzen. Laborratten sind leicht zu beschaffen und zu halten, und die meisten Universitäten und Forschungslabors können sie eher unterbringen und für sie sorgen als für andere Tiere.)

Die ersten überzeugenden Nachweise, daß Ratten numerische Fähigkeiten haben, erbrachte der amerikanische Tierpsychologe Francis Mechner in den 1950er und 60er Jahren.

In einem Experiment ließ Mechner eine Ratte eine Weile hungern und setzte sie dann in einen geschlossenen Kasten mit zwei Hebeln A und B. Hebel B war mit einer Vorrichtung verbunden, die eine kleine Menge Futter freigab. Um allerdings Hebel B aktivieren zu können, mußte zuerst Hebel A eine bestimmte Anzahl $n$mal gedrückt werden. Außerdem erhielt die Ratte, wenn sie Hebel B drückte, ohne zuvor $n$mal Hebel A gedrückt zu haben, einen leichten elektrischen Schlag. Um an Futter zu kommen, mußte die Ratte also lernen, Hebel A $n$mal zu drücken, und dann erst Hebel B.

Nach mehreren Versuchen lernten die Ratten allmählich, die notwendige Zahl der Betätigungen von Hebel A einzuschätzen. Wenn der Apparat so eingestellt war, daß viermaliges Drücken auf Hebel A notwendig war, lernten die Ratten auch tatsächlich, A *ungefähr* viermal zu drücken, bevor sie B betätigten.

Hier muß angemerkt werden, daß die Ratten niemals lernten, A jedesmal *genau* viermal zu drücken. Sie neigten eher dazu, öfter zu drücken, fünf-, sechs- oder sogar siebenmal. Angesichts einer Versuchsanordnung, bei der die Tiere jedesmal einen Schlag erhielten, wenn sie A nicht oft genug drückten, erscheint eine solche »Sicherheitsstrategie« sinnvoll. Jedenfalls schienen die Ratten immer in der Lage zu sein, vier Betätigungen einzuschätzen. Sie lernten auch noch, ungefähr achtmal zu drücken. Selbst wenn die Tiere sechzehnmal drücken mußten, gab es noch erfolgreiche Versuche.

Um die Möglichkeit auszuschließen, daß die Ratten eher nach Zeit entschieden als nach der Anzahl der Tastendrücke, führten Mechner und sein Kollege Laurence Guevrekian eine weitere Versuchsserie durch, bei der die Tiere unterschiedlich stark ausgehungert waren. Je hungriger die Tiere waren, um so schneller betätigten sie die Hebel. Dennoch betätigten Ratten, die zuvor gelernt hatten, viermal den Hebel zu drücken, diesen auch ausgehungert genauso oft, ähnlich wie bei anderen Zahlen. Die Zeit war also nicht entscheidend; die Ratten konnten tatsächlich die Anzahl abschätzen.

Beachten Sie, daß ich von »abschätzen« spreche. Ich habe nicht gesagt, daß die Ratten *zählten*, ebensowenig wie Mechner dies behauptete. Das Experiment zeigte lediglich, daß Ratten fähig sind, einen Hebel *ungefähr* eine bestimmte Anzahl von Malen zu betätigen. Vielleicht zählten sie ja wirklich, wenn auch schlecht. Aber dafür gibt es keinen Beweis. Es ist auch möglich – und das halte ich ehrlich gesagt für wahrscheinlicher –, daß sie die Zahl der Hebeldrücke *abschätzten* und sich damit so verhielten, wie wir selbst es getan hätten, wenn wir nicht zählen würden. Die Ratten hatten anscheinend einen allgemeinen Sinn für die Anzahl.

Es stellt sich die natürliche Frage, welchen evolutionären Vorteil dieser Sinn für die Anzahl den Ratten gebracht haben könnte. Was könnte eine Ratte dadurch gewinnen, daß sie fähig ist, die Anzahl richtig einzuschätzen? Eine mögliche Antwort wäre, daß sie sich ja auch Informationen zur Orientierung merken muß, etwa, daß ihre Behausung das vierte Loch hinter dem dritten Baum ist. (So gesehen ist ein elementarer Zahlensinn auch für uns selbst äußerst nützlich.) Ein solcher Sinn hilft auch, die Übersicht über die Tiere in der Umgebung zu behalten, seien es friedliche Nachbarn oder Feinde.

Schon wieder Vögel – vom Logbuch führen bis zum Töne zählen

Auch Vögel verfügen über ähnliche numerische Fähigkeiten. Zu den ersten Forschern, die dies erkannten, gehörte der Deutsche Otto Koehler in den 1940er und 50er Jahren, obwohl seine Ergebnisse aus Gründen, die ich weiter unten noch erläutern werde, erst im Zusammenhang mit Mechners Arbeiten richtig anerkannt wurden.

Mechner zeigte, daß Vögel zum einen in der Lage sind, die Größe zweier Mengen zu unterscheiden, die ihnen gleichzeitig präsentiert werden, und zum andern, sich die Anzahl von Objekten zu merken, die man ihnen nacheinander präsentiert. Beide Fähigkeiten sind wichtige Voraussetzungen zum Rechnen.

In einem Fall bekam ein Rabe namens Jakob wiederholt zwei Kisten präsentiert, von denen eine Futter enthielt. Auf den Deckeln der Kisten waren unterschiedlich viele Punkte, die unregelmäßig angeordnet waren. Eine Karte neben den zwei Kisten zeigte die gleiche Anzahl von Punkten wie der Deckel der Kiste mit dem Futter, jedoch anders angeordnet. Im Laufe zahlreicher Wiederholungen lernte der Rabe schließlich, daß er, um an Futter zu kommen, die Kiste öffnen mußte, die die gleiche Anzahl Punkte wie die Karte hatte. Auf diese Weise konnte er schließlich 2, 3, 4, 5 und 6 Punkte unterscheiden.

In einem anderen Experiment trainierte Koehler Dohlen, so lange die Deckel von einzelnen Kisten in einer Reihe zu öffnen, bis sie eine vorgegebene Menge von Futterstücken bekommen hatten, zum Beispiel vier oder fünf. Jede Kiste enthielt gar kein, ein oder zwei Stücke Futter, wobei dieser Inhalt bei jedem weiteren Versuch verändert wurde, so daß die Vögel sich nicht nach einem anderen Kriterium orientieren konnten, etwa der Länge der Reihe der bereits geöffneten Kisten. Sie mußten also eine Art inneres Logbuch führen, wie viele Stücke Nahrung sie den Kisten jeweils schon entnommen hatten; in unseren Worten: Sie mußten die Stücke zählen, die sie bereits gefressen hatten.

Eine andere Verdeutlichung der numerischen Fähigkeiten von Vögeln stammt von Irene Pepperberg, die ihren Afrikanischen Graupapagei Alex darauf trainierte, die Zahl der Objekte aufzusagen, die man ihm auf einem Tablett präsentierte – eine Fähigkeit, die erfordert, daß das Tier nicht nur die Anzahl von Dingen erkennt, sondern sie auch mit einer passenden akustischen Antwort (d. h. einer Zahl) verbindet.

Weiterhin zeigen viele Vogelarten auch einen Sinn für die Anzahl bei den Wiederholungen einzelner Noten ihres Gesangs. Wir wissen, daß dazu ein spezieller Zahlensinn erforderlich ist, denn Vögel der gleichen Art, die in verschiedenen Gegenden aufwachsen, gewöhnen sich jeweils einen »lokalen Dialekt« an, bei dem sich die Zahl der Wiederholungen einzelner Noten von Region zu Region unterscheidet. Selbst wenn also viele Aspekte des Vogelliedes genetisch bestimmt sein sollten, scheinen doch die Jungvögel die Zahl der Wiederholungen einer bestimmten Note dadurch zu erlernen, daß sie ältere Vögel nachahmen, wahrscheinlich ihre Eltern. So wiederholt vielleicht ein Kanarienvogel, der in einer bestimmten Gegend aufwächst, einen Ton sechsmal, während ein anderer Kanarienvogel, der in einer anderen Gegend lebt, an dieser Stelle seines Liedes die Note siebenmal singt. Da die Zahl der Wiederholungen bei jedem einzelnen Vogel konstant bleibt, kann der Vogel also offenbar die spezielle Zahl der Wiederholungen in seinem Lied »erkennen«.

Gut gebrüllt Löwe – aber wie viele waren es denn?

Wie wir bereits festgestellt haben, besteht ein offensichtlicher Überlebensvorteil (und damit ein möglicher Auslesefaktor für die Evolution), wenn man einen Sinn für die Anzahl hat – insbesondere, wenn man die Anzahl von Elementen verschiedener Mengen zu unterscheiden vermag –, darin, daß er einer Gruppe von Tieren hilft zu erkennen, ob sie bleiben und ihr Revier verteidigen oder sich hastig zurückziehen sollen. Wenn die Zahl der Verteidiger die der Angreifer übersteigt, dann kann es sinnvoll sein, zu bleiben und zu kämpfen; wenn die Angreifer in der Überzahl sind, ist es vielleicht klüger abzuhauen. Diese Vermutung wurde vor einigen Jahren von der Forscherin Karen McComb und ihren Kollegen überprüft. Sie spielten kleinen Gruppen von Löwenweibchen im Serengeti-Nationalpark in Tansania Tonbandgebrüll von anderen Löwen vor. Wenn die Zahl der unterschiedlichen Laute die der Löwen der Gruppe überstieg, zogen sich die Weibchen zurück. Doch wenn die Gruppe mehr Weibchen zählte, als Tonband-Löwenstimmen zu hören waren, blieben die Weibchen und bereiteten sogar einen Angriff vor. Sie schienen also die Zahl der *gehörten* Löwenstimmen mit ihrer eigenen Anzahl Löwinnen in der Gruppe, die sie *sahen*, vergleichen zu können – eine Aufgabe, die die Abstraktion einer Anzahl aus zwei Mengen erfordert, die mit unterschiedlichen Sinnen wahrgenommen werden, durch Sehen und durch Hören.

Ein anderer Überlebensvorteil durch die Fähigkeit, die Anzahl von Objekten in Mengen miteinander zu vergleichen (auch das haben wir schon erwähnt), ist der, daß es effizienter ist, Energie zum Besteigen eines Baumes aufzuwenden, wenn in der Krone viele Früchte wachsen, als bei einem, der wenig trägt.

Und jetzt lassen Sie mich mein Versprechen einlösen und erklären, warum Otto Koehlers Forschungen über Vögel zuerst nicht anerkannt wurden. Diese Geschichte illustriert, wie vorsichtig man mit Forschungen zu geistigen Fähigkeiten sein muß, insbesondere bei Tieren.

Das Märchen vom klugen Hans – Vorsicht bei zählenden Pferden!

Vor allem deutsche Wissenschaftler waren mißtrauisch, wenn von intellektuellen Fähigkeiten bei Tieren die Rede war, denn sie erinnerten sich an den Fall Wilhelm von Osten und sein Pferd Hans. Zu Beginn des 20. Jahrhunderts hatte von Osten behauptet, nach zehn Jahren intensiven Trainings habe er Hans das Rechnen beigebracht. Das Pferd und sein Besitzer wurden rasch zu Berühmtheiten, und die deutschen Zeitungen berichteten über den »klugen Hans«.

Bei ihren Vorführungen waren die beiden gewöhnlich von einer dichten Menge von Neugierigen umgeben. »Frag ihn, wieviel drei plus fünf ist«, rief einer der Zuschauer. Von Osten schrieb dann die Aufgabe auf eine Tafel, zeigte sie dem Pferd, und dieses schlug dann genau achtmal mit dem Vorderhuf. Oder von Osten zeigte Hans zwei Stapel mit Gegenständen, etwa einen mit vier und einen zweiten mit fünf Dingen. Dann schlug Hans genau neunmal mit dem Huf.

Noch eindrucksvoller war, daß Hans sogar Brüche addieren konnte. Wenn von Osten die Brüche $\frac{1}{2}$ und $\frac{2}{3}$ auf die Tafel schrieb, dann schlug Hans zuerst fünfmal und dann nach einer kurzen Pause sechs weitere Male, um die korrekte Antwort $\frac{5}{6}$ zu geben.

Natürlich vermuteten viele einen Trick. Im Jahr 1904 versammelte sich dann ein Expertenkomitee, um der Sache auf den Grund zu gehen, darunter der berühmte Psychologe Carl Stumpf. Nachdem sie aufmerksam einer Vorstellung beigewohnt hatten, kamen sie zu dem Schluß, das Phänomen sei echt – Hans könne tatsächlich rechnen.

Einer der Herren jedoch war nicht überzeugt und verlangte weitere Untersuchungen – einer von Stumpfs Studenten, Oskar Pfungst. Nun schrieb Pfungst die Aufgaben selbst auf die Tafel, und zwar so, daß von Osten diese nicht sehen konnte. Damit hatte er eine Versuchsanordnung geschaffen, an die Stumpf nicht gedacht hatte. Pfungst schrieb nämlich nun Aufgaben auf die Tafel, die ihm aus dem Publikum genannt worden waren. Auch in diesen Fällen rechnete Hans zunächst richtig. Doch dann schrieb er eine *andere* Aufgabe als die aus dem Publikum genannte an die Tafel – und dann rechnete Hans falsch. Tatsächlich gab das Pferd immer genau die Antwort auf die Aufgabe, die sein Herr von Osten aus dem Publikum gehört hatte.

Die Schlußfolgerung war unausweichlich: In Wirklichkeit hatte von Osten die Rechnungen durchgeführt. Durch irgendeinen subtilen Hinweis, vielleicht eine angehobene Augenbraue oder ein leichtes Achselzucken, signalisierte er dem Pferd, wie oft es mit den Hufen schlagen sollte. Wie Pfungst bereitwillig einräumte, hatte von Osten dies durchaus unbemerkt und unbewußt getan. Nachdem er so lange mit seinem Pferd trainiert hatte, *wollte* er einfach den Erfolg seines vierbeinigen Schützlings. Wahrscheinlich zeigte er eine große innere Anspannung, wenn Hans bei der entscheidenden Zahl von Hufschlägen angekommen war, und das Pferd witterte dies irgendwie. Damit hatte Pfungst also gezeigt, daß zwar auch dieses Pferd nicht rechnen konnte, daß Menschen aber mit Pferden in den subtilsten Formen von Körpersprache kommunizieren können.

Die Geschichte mit dem klugen Hans zeigt, wie wichtig bei psychologischen Experimenten eine sorgfältige Versuchsplanung ist, um auch solche unbewußten Formen der Kommunikation auszuschließen. Leider wurde es durch diese Geschichte in der Zukunft extrem schwierig, mit Behauptungen über die Rechenfertigkeiten bei Tieren ernst genommen zu werden. Schließlich hatte aber auch Pfungst nicht gezeigt, daß Tiere *generell* über keinen Zahlensinn verfügen, sondern lediglich, daß *in diesem spe-*

ziellen Fall eben von Osten die Rechnungen durchgeführt hatte und nicht das Pferd.

Schimpansen, Schokolade und ganz schön schwierige Rechnungen...

Wenden wir uns nun wieder numerischen Fähigkeiten zu, die Tiere tatsächlich besitzen. Wenn also Ratten und Vögel über gewisse Rechenfertigkeiten verfügen, wie sieht es dann bei den Schimpansen aus? Angesichts ihrer nahen Verwandtschaft zu den Menschen könnten wir bei ihnen den am weitesten entwickelten Zahlensinn vermuten. Doch können Schimpansen tatsächlich auch rechnen? Diese Frage untersuchten Guy Woodruff und David Premack von der University of Pennsylvania um 1980.

Die beiden steckten sich hohe Ziele. In ihrem ersten Experiment konnten sie zeigen, daß Schimpansen Brüche verstehen. So zeigten sie einem Tier ein Glas, das halb mit einer bunten Flüssigkeit gefüllt war, und ließen es dann zwischen zwei weiteren Gläsern wählen, eines davon ebenfalls halb-, das andere dreiviertel voll. Die Versuchstiere hatten keine Schwierigkeiten, die Aufgabe zu bewältigen. Doch entschieden die Schimpansen tatsächlich anhand der relativen Füllmenge oder nicht vielleicht doch anhand des Volumens? Zur Beantwortung dieser Frage wurde eine noch abstraktere Aufgabe gestellt. Nun zeigte man den Tieren zunächst das halbvolle Glas aus dem vorigen Experiment und ließ sie dann wählen zwischen einem halben und einem dreiviertel Apfel. Durchgängig wurde jeweils der halbe Apfel gewählt. Die gleiche Reaktion war zu beobachten, wenn man dem Schimpansen die Wahl zwischen einem viertel und einem halben Kuchen ließ. Tatsächlich war der Affe in der Lage, aus jeder beliebigen Zusammenstellung zwischen einem viertel, einem halben und einem dreiviertel Gegenstand den jeweils richtigen auszuwählen. Er wußte zum Beispiel, daß es sich bei einem viertel Glas Milch um den gleichen Anteil eines vollen Glases handelte, wie ein viertel Kuchen den entsprechenden Teil eines ganzen Kuchens bildet.

Zahlreiche andere Experimente haben seitdem gezeigt, daß Schimpansen über elementare Rechenfertigkeiten verfügen. So kann man einen Schimpansen zum Beispiel vor die Wahl zwischen zwei Tabletts stellen. Auf dem einen Tablett sind drei Stücke Schokolade aufeinandergestapelt und daneben vier Stücke. Auf dem anderen Tablett liegt neben einem Stapel von fünf Schokoladestücken nur ein einziges Stück. Die Versuchsanordnung ist so gewählt, daß der Schimpanse nur ein Tablett wählen kann. Welches soll er nehmen? Wenn er nur nach der Höhe des höchsten Stapels entscheidet, wählt er das zweite Tablett. Wenn er aber die Summe der Schokoladenstückchen auf jedem der zwei Tabletts »errechnen« kann, wird er zu dem Schluß kommen, daß auf dem ersten Tablett sieben Stückchen, auf dem zweiten aber nur sechs liegen. Und tatsächlich entscheiden sich die meisten Schimpansen ohne spezielles vorheriges Training für das erste Tablett: Sie können abschätzen, daß $3 + 4 = 7$ und $5 + 1 = 6$ ist und darüber hinaus erkennen, daß 6 weniger ist als 7.

Die Fähigkeit, kleinere Zahlen abzuschätzen, wie sie bei Schimpansen und Ratten nachgewiesen wurde, ähnelt der entsprechenden angeborenen Fähigkeit des Menschen. Doch wir Menschen können noch mehr. Wir können exakt zählen und richtig rechnen. Eine wichtige Voraussetzung hierfür ist, daß wir Symbole verwenden können, um Zahlen darzustellen. Das Rechnen selbst kann dann im wesentlichen über die Sprache erfolgen, indem wir diese Symbole nach genauen Regeln verarbeiten. Ist diese Symbolsprache auch Schimpansen zugänglich?

Die Antwort lautet: Ja – bis zu einem gewissen Punkt. In einem der ersten erfolgreichen Experimente in den 1980er Jahren brachte Tetsuro Matsuzawa, ein japanischer Forscher, einem Schimpansen namens Ali bei, die arabischen Zahlen von 1 bis 9 korrekt zu benutzen. Ali war in der Lage, mit 95prozentiger

Genauigkeit Mengen von Gegenständen mit der richtigen Zahl zu versehen. Er konnte die Zahl von drei oder weniger Gegenständen mit einem Blick erfassen, fing aber bei größeren Mengen zu zählen an. Der Affe konnte ebenfalls die Zahlen nach ihrer Größe ordnen.

Diese Ergebnisse wurden in Wiederholungsexperimenten mehrfach bestätigt. In einem der eindrucksvollsten dieser Versuche gab Sarah Boyson ihrem Schimpansenweibchen Sheba verschiedene Karten, die jeweils eine Ziffer von 1 bis 9 trugen. Sheba konnte jeder dieser Karten Mengen mit entsprechend vielen Gegenständen korrekt zuordnen. Außerdem konnte sie einfache Additionen mit Hilfe von Symbolen durchführen. Hielt Boyson etwa die Karten mit den Ziffern 2 und 3 in die Höhe, zeigte Sheba auf die 5.

Sind uns also Affen in den numerischen Fähigkeiten ebenbürtig? Eigentlich nicht. Es erforderte viele Jahre langwierigen und mühseligen Trainings, bis Sheba und die anderen Schimpansen, andere Affen, Delphine und welche Tiere sonst noch in derartigen Experimenten eingesetzt werden zu diesen Leistungen in der Lage waren. Eine Verknüpfung zwischen den abstrakten Symbolen und Mengen von Gegenständen aufzubauen ist ein langer und mühsamer Vorgang. Selbst dann sind die Ergebnisse nie hundertprozentig genau und auf sehr kleine Mengen beschränkt. Das unterscheidet sich stark von dem, was beim Menschen möglich ist. Kleine Kinder brauchen nur ein paar Monate, um mit Zahlen zurechtzukommen. Und wenn sie erst einmal soweit sind, dann schaffen sie es bald, auch mit größeren Zahlen korrekt umzugehen. Im Umgang mit Zahlen sind Menschen tatsächlich sehr viel besser als alle anderen Tiere. Und ich spreche jetzt nicht von Mathefreaks wie mir. Ich meine: alle. Das glauben Sie mir nicht? Sie denken, Zahlen sind nicht Ihr Fall?

Sie erinnern sich an Kapitel 1 und meinen: »Ach ja, ich bin schon zufrieden mit einfachen Additionen wie 1 + 1 = 2. Wenn die Zahlen größer werden, habe ich Schwierigkeiten. Und wenn es um Multiplikationen geht, von Brüchen gar nicht erst zu reden, dann habe ich *wirklich* Probleme.« Wie aber kommen solche Probleme zustande?

Wenn wir wirklich große Zahlen durch eine Ausweitung unserer Fähigkeiten im Umgang mit kleinen Zahlen, die wir schon im Alter von wenigen Tagen haben, behandeln würden, käme es sicher seltener vor, daß so viele Leute glauben, ihnen fehle die natürliche Begabung für Mathematik. Daher nutzen wir vermutlich andere Methoden, um Rechnungen mit Zahlen, die größer als 3 sind, durchzuführen. Was für Methoden sind das? Nun, einige davon lernen wir in der Schule – zumindest lehrt man sie uns –, und zur Schulmathematik kommen wir noch. Aber die Schule ist nicht der einzige Ort, an dem Menschen mit Mathematik in Berührung kommen, und in Anbetracht der Tatsachen ist sie auch gar nicht der günstigste Ort, um sie zu lernen. Deshalb folgt jetzt ein kleiner Ausflug nach Südamerika.

10 Messerscharf: Die Mathe-Tricks von Straßenhändlern und Supermarktkunden

Kopfnüsse – ein Ausflug auf den Markt

Da sind wir nun also in Südamerika. Sie laufen durch einen geschäftigen, lauten Straßenmarkt voller Leben. Wir sind in Recife in Brasilien, aber es könnte auch eine von vielen anderen Städten Südamerikas sein. Sie laufen an einem Stand vorbei, an dem Kokosnüsse verkauft werden. Dahinter steht ein zwölfjähriger Junge aus armen Verhältnissen, der nie eine höhere Schule besucht hat. »Was kostet eine Kokosnuß?« fragen Sie. »Fünfunddreißig«, antwortet er mit einem Lächeln. Sie sagen: »Dann hätte ich gern zehn davon. Was macht das?« Der Junge braucht eine Weile für die Antwort. Er denkt laut und murmelt vor sich hin: »Drei wären 105; nochmal drei macht 210. (Pause) Jetzt brauche ich noch vier. Das sind ... (Pause) 315 ... Ich glaube, das wären dann 350.« Diesen Dialog habe ich mir nicht ausgedacht. Er stammt wörtlich aus einer Untersuchung, die die Wissenschaftler Terezinha Nunes von der University of London, Analucia Dias Schliemann und David William Carraher von der Universidade Federal de Pernambuco vor ein paar Jahren in Recife durchführten. Die drei Forscher waren mit einem Kassettenrecorder als normale Kunden auf die Straßenmärkte ihrer Stadt gegangen. An jedem Stand führten sie ein vorher ausgedachtes Verkaufsgespräch, mit dem sie eine bestimmte arithmetische Fähigkeit testen wollten. Ziel der Untersuchung war es, herauszufinden, wie effektiv der traditionelle Mathematikunterricht an den Schulen war, die alle Markthändler ab einem Alter von sechs Jahren besucht hatten. Wie gut war unser junger Kokosnußverkäufer?

Wenn Sie einen Augenblick nachdenken, wird es klar, daß der Junge nicht nach der schnellsten Methode rechnete, nämlich die Regel zu verwenden, daß man zur Multiplikation mit 10 einfach an die entsprechende Zahl eine Null hängt – so wird aus 35 schnell 350. Er ging deshalb so vor, weil er die Regel nicht kannte. Er hat sie nie gelernt. Trotz sechs Schuljahren hat er praktisch überhaupt keine Mathematikkenntnisse im traditionellen Sinn. Seine Rechenfertigkeiten hat er sich selbst an seinem Marktstand beigebracht. Und so löste er sein Problem: Weil er oft zwei oder drei Kokosnüsse auf einmal verkauft, muß er den Preis für diese Mengen ausrechnen können. Das heißt, er muß die Lösungen $2 \times 35 = 70$ und $3 \times 35 = 105$ kennen. Angesichts Ihres höchst ungewöhnlichen Kaufwunsches von zehn Kokosnüssen geht der Junge folgendermaßen vor: Als erstes teilt er die 10 in kleinere Pakete auf, mit denen er zurechtkommt, nämlich $3 + 3 + 3 + 1$. Das heißt, er muß nun das Additionsproblem $105 + 105 + 105 + 35$ lösen. Das macht er in mehreren Schritten. Ohne große Anstrengung berechnet er zuerst $105 + 105 = 210$. Dann rechnet er: $210 + 105 = 315$. Schließlich der letzte Teilschritt: $315 + 35 = 350$. Alles in allem doch eine beeindruckende Leistung für einen scheinbar »ungebildeten« Zwölfjährigen!

Doch die Einkäufe waren nur der erste Teil des Experiments von Nunes und ihren Kollegen. Etwa eine Woche nach ihrem Marktbesuch baten sie ihre Versuchspersonen, an einem schriftlichen Test teilzunehmen. Dabei stellten sie ihnen genau die gleichen Fragen wie im Zusammenhang mit ihren Marktgeschäften eine Woche zuvor.

Die Forscher achteten darauf, bei diesem Test so wenig Streß wie möglich zu verursachen. Jeweils nur ein Forscher suchte ein Kind auf, entweder am Marktstand oder zu Hause. Die Fragen bestanden sowohl aus einfachen schriftlichen Rechenaufgaben als auch aus einfachen mündlichen Aufgaben in der gleichen

Art, wie sie die Kinder an ihren Ständen lösten. Die Kinder bekamen Papier und Bleistift und sollten neben der Lösung alles andere aufschreiben, was sie wollten. Außerdem sollten sie ihren Lösungsweg laut aufsagen.

Obwohl die Rechnungen der Kinder an den Marktständen praktisch fehlerfrei waren (über 98 Prozent richtige Lösungen), erreichten sie im Durchschnitt nur 74 Prozent bei den mündlichen Rechenaufgaben aus ihrem Alltagsbereich, die die gleichen Rechenschritte erforderten, und nur 37 Prozent, wenn ihnen die gleichen Aufgaben in Form eines konventionellen Rechentests vorgelegt wurden.

Unser Kokosnußverkäufer zeigte typische Ergebnisse. Eine der Fragen, die man ihm an seinem Marktstand gestellt hatte, wo er Kokosnüsse zu je 35 Cruzeiros (Cr$) verkaufte, war: »Ich nehme vier. Was macht das?« Die Antwort war: »Drei kosten hundertfünf, also eins fünfunddreißig ... eine Nuß macht fünfunddreißig ... also ... eins vierzig.«

Schauen wir uns diesen Lösungsweg näher an. Ebenso wie in dem bereits zitierten Verkaufsgespräch fing der Junge damit an, die Aufgabe in kleinere Teilaufgaben einzuteilen, in diesem Fall: drei Kokosnüsse plus eine Kokosnuß. Damit konnte er mit einem Ergebnis beginnen, das er bereits kannte, nämlich dem Preis für drei Kokosnüsse, 105 Cr$. Um den Preis der vierten zu addieren, rundete er zuerst den Preis für eine Nuß auf 30 Cr$ ab und addierte diesen Betrag, um auf 135 Cr$ zu kommen. Dann berücksichtigte er noch (anscheinend, obwohl er diesen Schritt nicht ausdrücklich erwähnt) den »Korrekturfaktor« von 5 Cr$, addierte diesen, um schließlich zur (korrekten) Lösung 140 Cr$ zu kommen.

Bei dem formalen Rechentest wurde der Junge gebeten, die Aufgabe »35 × 4« auszurechnen. Er rechnete im Kopf, formulierte jeden Schritt, wie ihn der Forscher gebeten hatte, schrieb dann aber nur das Endergebnis auf. Er sagte folgendes: »Vier mal fünf ist zwanzig, zwei im Sinn; zwei plus drei ist fünf, mal vier ist zwanzig.« Dann schrieb er als Antwort: »200«.

Trotz der Tatsache, daß es sich von den Zahlen her um das gleiche Problem handelte, das er am Marktstand korrekt gelöst hatte, gelang ihm die Lösung hier nicht. Wenn man seine Aussagen genau betrachtet, wird klar, was er tat und warum das Endergebnis nicht stimmte. Indem er versuchte, nach der Standardmethode des schriftlichen »von rechts nach links«-Multiplizierens vorzugehen, addierte er den Übertrag aus der Multiplikation der Einer (4 × 5) zu den Zehnern, *bevor* er die Multiplikation der Zehner durchführte, und nicht danach, wie es richtig gewesen wäre. Immerhin achtete er korrekt auf den Stellenwert jeder Ziffer und schrieb die (korrekte) 0 aus der ersten Multiplikation hinter die (unkorrekte) 20 der zweiten und kam so auf das Resultat 200.

Das gleiche passierte einem anderen Marktkind, diesmal ein neunjähriges Mädchen. Als einer der Forscher an seinen Kokosnußstand kam und sagte: »Ich nehme drei. Was kostet das?«, antwortete die junge Verkäuferin: »Vierzig, achtzig, eins zwanzig.« Bei einem Einzelpreis von 40 Cr$ pro Nuß bestand ihre Technik darin, so oft 40 zu addieren, bis die erforderliche Anzahl von Additionen erreicht war.

Als Schul-Rechenaufgabe bekam das Mädchen dann die Multiplikation 40 × 3. Ihre Antwort war »70«. Hier ihre Erklärung, wie sie auf dieses Ergebnis kam: »Ich behalte die Null, und vier plus drei ist sieben.«

Offensichtlich hatte es zwar keine Schwierigkeiten, einen Stand auf einem Straßenmarkt zu betreiben, aber seine Erinnerungen an die arithmetischen Standardtechniken, die man ihm in der Schule beibringen wollte, waren etwas durcheinandergeraten. Dasselbe Mädchen wurde an seinem Stand gefragt, was zwölf Zitronen mit einem Einzelpreis von 5 Cr$ kosteten. Sie zählte die Früchte jeweils in Zweierpaaren und rechnete so: »Zehn, zwanzig, dreißig, vierzig, fünfzig, sechzig.« Aber als sie in dem Test die Aufgabe »12 × 5« berechnen sollte – eigentlich das gleiche Problem –, »behielt« sie zuerst die 2, dann die 5 und schließlich die 1 und kam als Lösung auf »152«.

Eine ähnliche Verwirrung über die Schulmathematik zeigte ein weiterer junger Straßenhändler, der an seinem Stand keine Probleme mit der Subtraktion hatte, aber weit abgeschlagen bei der gleichen Aufgabe im »Schul-Test« abschnitt. Am Stand, an dem er Kokosnüsse zu je 40 Cr$ verkaufte, berechnete er folgendermaßen das Wechselgeld:

Kunde: Ich nehme zwei. [Zahlt mit einem 500 Cr$-Schein.] Wieviel bekomme ich zurück?
Junge: Achtzig, neunzig, einhundert. Vier zwanzig.

Bei dem Test sollte der Junge die Aufgabe »420 + 80« lösen. Er kommt auf das Ergebnis »130«, offenbar auf folgendem Weg: »8 plus 2 macht 10; ich addiere 1 [den Übertrag], 4 und 8, das macht 13. Schreibe die letzte 0 in die Einerspalte, und das Endergebnis ist 130.« Nach einigem Nachhaken fand er schließlich doch noch die richtige Antwort – und zwar ohne Papier und Bleistift, durch Zählen.

Ein ähnliches Ergebnis zeigte sich in einem anderen Fall, nachdem eine Testteilnehmerin das Divisionsproblem 100 : 4 nicht lösen konnte. Sie versuchte zuerst, 1 durch 4 zu teilen, dann, 0 durch 4 zu teilen, und gab schließlich auf mit der Behauptung, die Aufgabe sei unlösbar. Auf Drängen des Forschers versuchte sie es noch einmal: Sehen Sie, im Kopf kann ich's ... Geteilt durch zwei ist fünfzig. Dann nochmal durch zwei – macht fünfundzwanzig.

Mit anderen Worten, sie nutzte die Tatsache, daß eine Division durch 4 durch zwei Divisionen durch 2 ersetzt werden kann – zusammen mit ihrer Fähigkeit, die Zahlen 100 und 50 halbieren zu können.

In einem Fall nach dem anderen kamen Nunes und ihre Kollegen zu den gleichen Ergebnissen. Die Kinder waren wahre Rechenkünstler, solange sie an ihren Marktständen verkauften, aber nahezu mathematische Analphabeten bei Rechenaufgaben im schulüblichen Format. Die Forscher waren so beeindruckt – und neugierig geworden –, daß sie den Fähigkeiten der Kinder eine neue Bezeichnung gaben: *Straßenmathematik.*

Straßenmathematik ist die Mathematik, die Menschen für sich selbst entwickeln, wenn sie sie brauchen. Sie findet sich nicht nur bei Straßenhändlern in Brasilien, sondern auch anderswo, so zum Beispiel in den USA, wie der Lehrer James Herndon schon 1971 in seinem Buch *How to Survive in Your Native Land* [Deutsch: »Die Schule überleben«, Klett, 1972] herausgefunden hatte.

Herndon berichtete, wie er einmal eine Klasse mit älteren Schülern betreute, die alle im traditionellen Schulsystem durchgefallen waren. Irgendwann entdeckte er, daß einer der Schüler einen gutbezahlten, regulären Job als Schiedsrichter bei einer regionalen Bowlingliga hatte, eine Aufgabe, für die schnelles, genaues und kompliziertes Rechnen erforderlich war. (Haben Sie sich jemals mit dem Punktesystem beim Bowling befaßt?)

Herndon erkannte in dieser Information eine einmalige Chance, seinen Schüler zu motivieren, und dachte sich eine Reihe von Aufgaben mit »Bowling-Problemen« aus. Der Versuch war ein völliger Fehlschlag. Auf der Bowlingbahn konnte der Schüler abends akkurat den Überblick über acht verschiedene Bahnen gleichzeitig behalten. Aber er konnte noch nicht einmal die einfachste Aufgabe lösen, wenn man sie ihm in der Schule stellte. Herndon schrieb: »Der brillante Ligaschiedsrichter konnte nicht sagen, ob ein bestimmtes Bowlingergebnis achtzehn, achtundzwanzig oder einhundertachteinhalb Punkte ergab!«

Ähnliche Schwierigkeiten traten bei anderen Schülern dieser Klasse auf, die Herndon mit Aufgaben genau der gleichen Art konfrontierte, die sie außerhalb des Klassenraums mit Leichtigkeit lösen konnten, etwa bei einem Mädchen, das angab, beim Einkaufen immer mit seinem Geld zurechtzukommen. Er fragte es: »Wenn du ein Paar Schuhe für 10,95 Dollar kaufst und mit einem Zwanzigdollarschein bezahlst, wieviel Wechselgeld bekommst du dann?« (Das war 1971, und damals war der Preis völlig realistisch.) Das Mädchen antwortete: »400,15 Dollar!« und wollte von Herndon eine Bestätigung.

Angesichts der Tatsache, daß sowohl die Kinder aus Recife als auch Herndons Schüler zeigten, daß sie in einem angemessenen Kontext durchaus rechnen konnten, dann nämlich, wenn die Zahlen etwas für sie bedeuteten, scheint es klar, daß Bedeutungen eine wichtige Rolle für unsere Rechenfertigkeiten spielen. Doch das war nicht der einzige Unterschied zwischen Straßen- und Schulmathematik. Die Mitschriften der ersten Dialoge auf dem Markt zeigten, daß die Schüler auch andere Methoden als die in der Schule gelernten anwandten. Dabei werden diese Schulmethoden doch gerade deswegen unterrichtet, weil sie angeblich einfacher sind! In der Tat, für einen, der beide Methoden beherrscht, sind sie wirklich einfacher. Man vergleiche nur einmal die Art und Weise, wie die erste Versuchsperson 10×35 ausrechnete, mit der in der Schule gelernten Methode, das gleiche Problem zu lösen. Dennoch scheinen die Menschen, die Straßenmathematik anwenden, die Standardmethoden zu ignorieren. Warum? Durch diese Frage neugierig geworden, untersuchten Nunes und ihre Kollegen die Methoden der jungen Markthändler näher.

Ihr neuer Ansatz bestand darin, den Unterschied zwischen den Fähigkeiten der Kinder beim Kopfrechnen und den beim schriftlichen Rechnen zu untersuchen, wenn beides *unter Prüfungsbedingungen* abgefragt wurde. Wie bereits angemerkt, schnitten die Kinder bei den Testaufgaben nie so gut ab wie an ihren Marktständen. Nunes und ihre Kollegen fragten sich nun, ob es einen meßbaren Unterschied zwischen diesen beiden Rechenarten bei einem Test gebe. Worin unterschieden sich also die *Methoden* der Straßenmathematik von denen des Schulrechnens?

Die von dem Team untersuchte Kindergruppe bestand aus sechzehn Jungen und Mädchen. Alle waren in der dritten Klasse, in der sie die Standardmethoden für die Grundrechenarten Addition, Subtraktion, Multiplikation und Division beigebracht bekommen hatten. Weil in Brasilien viele Kinder eine Klassenstufe ein- oder sogar mehrmals wiederholen müssen, variierte das Alter der Probanden zwischen neun und fünfzehn Jahren. Die älteren Kinder hatten nicht nur mehr Erfahrung mit dem Schulrechnen, sondern auch schon länger auf dem Markt gearbeitet.

Die Schüler bekamen drei Arten von Aufgaben: simulierte Verkaufsaktionen, die ihnen bereits vom Markt vertraut waren, Textaufgaben und klassische Rechenaufgaben. In zwei dieser drei Kategorien schnitten sie besser beim Kopfrechnen ab als beim schriftlichen Rechnen. In den meisten Fällen waren die Unterschiede dramatisch.

Beginnen wir mit der Addition. Bei den simulierten Verkaufsgesprächen erzielten die Kinder bei den mündlichen Aufgaben im Schnitt 67 Prozent der Höchstpunktzahl und 75 Prozent bei den schriftlichen Aufgaben. Dies war der einzige Fall, wo die schriftlichen Ergebnisse besser waren als die beim Kopfrechnen. Bei den Textaufgaben zur Addition erreichten sie beim Kopfrechnen 83 Prozent, doch schriftlich nur 62. Die klassischen Rechenaufgaben lösten sie mündlich zu 100 Prozent richtig, schriftlich jedoch nur zu 79 Prozent und damit signifikant schlechter.

Bei der Subtraktion war der Unterschied zwischen Kopfrechnen und schriftlichen Aufgaben bei allen drei Aufgabentypen offensichtlich. In den simulierten Verkaufsgesprächen erreichten sie mündlich halbwegs ausreichende 57 Prozent (viel weniger als beim Berechnen des Wechselgelds an ihren Ständen) und in den schriftlichen Aufgaben sogar nur 22 Prozent. Bei den Textaufgaben wurden befriedigende 69 Prozent im Mündlichen, aber nur 22 Prozent im Schriftlichen erzielt. Bei den Rechenaufgaben erzielten sie mündlich 60 Prozent – nicht allzu schlecht –, aber schriftlich nur erbärmliche 14 Prozent.

Bei der Multiplikation lagen die entsprechenden Zahlen bei 89 Prozent bei mündlichen, aber enttäuschenden 50 Prozent bei den simulierten Verkaufsgesprächen, bei 64 gegenüber 50 Prozent bei den Textaufgaben und bei perfekten 100 Prozent bei der mündlichen gegenüber schwachen 39 Prozent bei der schriftlichen Lösung von klassischen Rechenaufgaben.

Bei der Division waren die Ergebnisse hoffnungslos. Die Kinder erreichten bei allen drei Aufgabenarten im Schnitt 50 Prozent bei den mündlichen Versionen, versagten aber vollkommen bei der in der Schule gelernten Rechenmethode. Als sie die Aufgaben schriftlich lösen sollten, erzielten sie in den Verkaufsgesprächen und den Textaufgaben keinen einzigen Punkt (0 Prozent) und bei den (leichten) Rechenaufgaben zur Division nur 7 Prozent. Kurz, die Kinder konnten unter keiner der Testbedingungen dividieren.

Offensichtlich waren die Kinder sehr viel besser im Kopfrechnen als bei den schriftlichen Methoden, die sie in der Schule kennengelernt hatten. Möglicherweise gilt das auch für jeden anderen, der im Alltagsleben regelmäßig mit Zahlen und den Grundrechenarten umgeht. Es bleibt aber noch die Frage, warum sie soviel besser beim Kopfrechnen abschnitten. Da sie ja offenbar nicht in der Lage waren, die Methoden, die man ihnen in der Schule beibringen wollte, anzuwenden – wie lösten diese Kinder dann diese Aufgaben *im Kopf*?

Einen Eindruck davon – und damit einen ersten Hinweis, daß Straßenmathematik sich von der Schulmathematik stark unterscheidet – bekommt man, wenn man die Mitschriften dessen anschaut, was die Kinder beim Rechnen sagten. Dabei stellt sich heraus, daß sie durchaus in beeindruckender Weise mit Zahlen umgehen konnten.

So rechnete einer der Jungen die Aufgabe 200 – 35 folgendermaßen:

Wenn es 30 wären, käme 70 heraus. Aber es sind 35. Also sind es 65. 165.

Betrachten wir dieses Selbstgespräch genauer. Als erstes teilt er 200 in 100 + 100. (Er spricht diesen Schritt nicht aus, aber aus dem Folgenden wird klar, daß er das tat.) Dann legt er die einen 100 »zur Seite« und macht sich an die Berechnung von 100 − 35. Hierzu rundet er zuerst die 35 auf 30 ab und berechnet 100 − 30. Das fällt ihm leicht: die Antwort ist 70. Dann korrigiert er die Rundung, indem er die vorher nicht berücksichtigten 5 abzieht: 70 − 5 = 65. Schließlich addiert er noch die übrigen 100: 65 + 100 = 165.

Sogar noch beeindruckender für das Geschick im Umgang mit Zahlen ist die Methode eines anderen Kindes zur Berechnung von 243 − 75, einer Aufgabe, die ihm in Form eines Verkaufsgesprächs gestellt wurde, bei dem es um das Wechselgeld ging. Hier die Mitschrift:

Geben Sie mir erstmal die 200. Ich gebe Ihnen dann 25 raus. Plus die 43, die Sie ja noch haben, also 143, macht das dann 168.

Wenn man das wirklich auf einem belebten südamerikanischen Straßenmarkt von einem kleinen Jungen hören würde, hätten die meisten von uns wohl den Verdacht, hier sollten sie über den Tisch gezogen werden. Aber das Ergebnis des Jungen war vollkommen korrekt. Was ging in ihm vor?

Aus den nachfolgenden Sätzen wird klar, daß der erste Satz ein Versprecher war und eigentlich lauten sollte: »Geben Sie mir erstmal die 100.« Der Junge teilt also die 243 auf in 100 + 100 + 43. Er »legt« die 43 und einen der beiden Hunderter »beiseite« und subtrahiert 75 von den übrigen 100. Das fällt ihm leicht: 100 − 75 = 25. Dann addiert er wieder die 43 und die 100. Hierzu rechnet er zuerst 100 + 43 = 143 und dann 25 + 143 = 168. Dieser letzte Schritt ist natürlich immer noch eine anspruchsvolle Addition. Alles in allem wandelte der Junge also die anspruchsvolle Subtraktionsaufgabe 243 − 75 in die anspruchsvolle Additionsaufgabe 143 + 25 um. Das hilft ihm, denn wie die meisten Menschen findet er Additionen einfacher als Subtraktionen.

Betrachten wir ein weiteres Beispiel, diesmal zur Division. Wie bereits erwähnt, hatten die meisten Kinder große Schwierigkeiten mit dieser Rechenart in den mündlichen Aufgaben und versagten völlig bei der Anwendung der in der Schule gelernten Methode. Bei der Aufgabe ging es um die Division 75 : 5, gestellt in Form des Problems, 75 Murmeln unter 5 Kindern aufzuteilen. Hier das Protokoll eines der Kinder:

> Wenn ich jedem 10 Murmeln gebe, dann sind das 50. Bleiben 25 übrig. Sie auf fünf Leute zu verteilen, 25, das ist schwierig ... Das sind dann noch 5 für jeden. Jeder bekommt 15.

Vollkommen richtig! Das Kind beginnt damit, 75 auf 50 »abzurunden« und das einfachere Problem 50 : 5 zu lösen, für das es problemlos die Antwort findet: 10. Vermutlich kannte es dieses Ergebnis sogar schon vorher, und das war der Grund für die anfängliche »Abrundung« von 75 auf 50. Durch das Runden blieben noch 25 Murmeln übrig. Das findet es schwierig; es weiß nicht, was bei der Division 25 : 5 herauskommt. Aber nach einigem Nachdenken kommt es darauf: 25 : 5 = 5. Jetzt muß es nur noch diese 5 zu dem Zwischenergebnis 10 addieren, um auf die Lösung zu kommen: 15.

So, und jetzt behaupten Sie immer noch, daß Sie eine Null in Mathe sind?

Angesichts dieser Beispiele von brasilianischen Straßenhändlern räumen die meisten Menschen schließlich ein, daß sie sich mathematische Fähigkeiten in einer Lage, wo ihr Überleben von diesen abhängt, wahrscheinlich aneignen könnten. Doch wenn man so etwas erst einmal zugibt, dann hat man gleichzeitig zugegeben, daß das einzige, was einen von der Verbesserung der eigenen mathematischen Fertigkeiten abhält, ein Mangel an Motivation ist.

Mathegenies mit Einkaufswagen

Obwohl sie mit der Schulmathematik nicht zurechtkamen, hatten die Markthändlerkinder in Brasilien und die anderen Gruppen, die Straßenmathematik betrieben, eines gemeinsam: Sie hatten oft mit Zahlen zu tun, die eine unmittelbare praktische Bedeutung hatten. Für die meisten von uns ist das nicht der Fall. Wir kommen meistens ganz gut ohne Arithmetik aus. Es gibt aber eine Situation, wo wir praktisch alle mit Zahlen zu tun haben: beim Einkaufen.

Zugegeben, selbst für den sorgfältigsten Konsumenten ist der Gebrauch des Rechnens weitaus weniger häufig und weniger intensiv als für einen Markthändler. Außerdem können wir bei der Schnäppchenjagd im Supermarkt noch so preisbewußt sein, der Druck, richtig zu rechnen, ist weitaus geringer als für einen Markthändler, dessen Lebensunterhalt auf dem Spiel steht. Deshalb besteht kein Grund für einen durchschnittlich preisbewußten Supermarktkunden, die gleiche Geschicklichkeit im Umgang mit Zahlen wie diese brasilianischen Markthändler an den Tag zu legen. Doch wieviel rechnen wir überhaupt, und wie gut nutzen wir unsere Rechenfertigkeiten?

Genau diese Frage stellte sich vor einigen Jahren die Anthropologin Jean Lave in einer Studie, die sie *Adult Math Project* nannte, »Projekt Erwachsenenmathematik«, kurz AMP. Lave arbeitet zur Zeit im Fachbereich Erziehungswissenschaften an der University of California in Berkeley. Ihre Studie fertigte sie aber noch an der University of California in Irvine an. Ihre Versuchspersonen waren ganz normale Supermarktkunden in Südkalifornien.

Laves Studie unterschied sich von der von Nunes und ihren Kollegen in einem wichtigen Punkt. Die jungen brasilianischen Straßenverkäufer wandten im allgemeinen rein mathematische Methoden an, die man so auch von einem rein mathematischen Standpunkt aus beurteilen konnte. Und aus dieser Perspektive erscheinen sie tatsächlich als ziemlich raffiniert. Aber in vielen Fällen, die das AMP aufführt, setzten die Einkäufer eine Kombination von mathematischen und anderen Methoden ein, die die Wissenschaftler nicht nur mit Hilfe rein mathematischer Kriterien beurteilen konnten.

Diesen Punkt kann man gut anhand einer anderen Studie von Lave erläutern, in der jene Mathematik unter die Lupe genommen wurde, die Teilnehmer an Abmagerungskuren bei der Zusammenstellung ihrer kalorienkontrollierten Mahlzeiten anwandten. Ein männlicher Teilnehmer stand vor der Aufgabe, $\frac{3}{4}$ von $\frac{2}{3}$ einer Tasse Hüttenkäse abzumessen, wie sein Rezept vorschrieb. Bevor Sie weiterlesen, überlegen Sie sich, wie Sie dieses Problem lösen würden.

Der Mann kam zu folgender Lösung: Er maß $\frac{2}{3}$ einer Tasse ab und verteilte diese Menge in Form eines Kreises auf dem Küchentisch. Diesen Kreis teilte er in vier Viertel, von denen er eines wieder in die Tasse zurückgab. Was übrigblieb, waren die gewünschten $\frac{3}{4}$ von $\frac{2}{3}$ einer Tasse. Perfekt.

Was sage ich als Mathematiker dazu? Das geht doch viel einfacher! Durch Kürzen (des gemeinsamen Faktors 3) und durch Vereinfachung (ein weiteres Kürzen um den Faktor 2) erhält man:

$$\frac{3}{4} \times \frac{2}{3} = \frac{2}{4} = \frac{1}{2}$$

Alles was der Mann brauchte, war also eine halbe Tasse Käse. Die hätte er auch direkt abmessen können. Ganz einfach. Aber auf diese Lösung kam unser Mann nicht. Trotzdem konnte er sehr wohl etwas mit dem Begriff »drei Viertel« anfangen und konnte mit diesem Wissen das Problem auf seine Weise lösen. Er wußte sich zu helfen, und nach Laves Kriterien hatte er die Aufgabe erfolgreich gelöst.

Was Supermarktkunden richtig machen

Das AMP untersuchte 25 Supermarktkunden in Orange County in Südkalifornien. Trotz seines Rufes als sehr wohlhabende Gegend mit sehr konservativen Politikern – Ronald Reagan und John Wayne lebten hier – unterschieden sich die Versuchsteilnehmer beträchtlich in bezug auf Bildung und Familieneinkommen. Einige Teilnehmer hatten eine schlechte Ausbildung und ein niedriges Einkommen. Für diese war ein preisbewußter Einkauf von Lebensmitteln wichtig.

Weil es in der Studie darum ging, wie Menschen wie du und ich *tatsächlich* Mathematik in ihrem Alltag nutzen, konnten die Forscher sie nicht einfach testen, indem sie ihnen Fragen stellten wie: »Wenn Sie die Auswahl zwischen drei Packungen Tiefkühl-Pommes-Frites mit den und den Gewichten und Preisen haben, wie finden Sie dann heraus, welche am günstigsten sind?« Wie wir gleich sehen werden, hat die Antwort, die Menschen auf eine solche Frage geben, sehr wenig damit zu tun, was sie tatsächlich in einer realen Einkaufssituation machen würden. Kurz gesagt, »Was wäre, wenn...?«-Fragen funktionieren nicht.

Statt dessen folgten die Forscher den Einkäufern auf ihrem Weg durch den Supermarkt, beobachteten sie, machten sich umfangreiche Notizen und baten die Versuchspersonen gelegentlich vor oder nach einem Griff ins Regal, einzelne Kaufentscheidungen zu erklären. Natürlich ist diese Vorgehensweise sehr konstruiert. Allein die Anwesenheit eines Beobachters verändert das Einkaufserlebnis. Damit ist die Studie bis zu einem gewissen Grad eigentlich keine »Beobachtung von Menschen bei gewöhnlichen Alltagsaktivitäten«. Aber sie kommt dem vielleicht doch so nahe wie möglich. Außerdem haben Anthropologen Methoden entwickelt, so zu Werke zu gehen, daß die Anwesenheit von Beobachtern möglichst geringen Einfluß auf das Verhalten von Versuchspersonen ausübt.

Jeder Forscher verbrachte insgesamt etwa 40 Stunden mit seiner Versuchsperson, einschließlich der Zeit für eine Befragung, um Näheres über sie zu erfahren (Bildung, Beruf usw.). Die meisten Teilnehmer waren Frauen, aber es gab auch einige Männer in der Gruppe. Die Forscher konnten allerdings zwischen den Männern und den Frauen unter den Supermarkteinkäufern keine Unterschiede in den mathematischen Leistungen feststellen, so daß der Geschlechtsunterschied kein signifikanter Faktor zu sein schien.

Von den etwa 800 Einkäufen, die im Verlauf der Untersuchung von allen Teilnehmern zusammen getätigt wurden, waren gerade einmal etwas mehr als 200 mit einem Rechenvorgang verbunden, den die Wissenschaftler so definierten: »Ein Vorgang, bei dem ein Einkäufer zwei oder mehr Zahlen mit Hilfe einer oder mehrerer arithmetischer Operationen – Addition, Subtraktion, Multiplikation und Division – miteinander in Beziehung setzt.« Die Zahl der Käufe, bei denen Berechnungen im Spiel waren, zeigte drastische Unterschiede. Ein Einkäufer rechnete überhaupt nicht, während drei Teilnehmer bei mehr als der Hälfte ihrer Einkäufe rechneten. Im Schnitt wurde bei 16 Prozent der Einkäufe gerechnet.

Eines der faszinierenden Ergebnisse war folgendes: Beim Vergleich, welches von mehreren Konkurrenzprodukten am günstigsten war, orientierten sich die Käufer relativ wenig an dem Preis pro Einheit, der am Regal angegeben war – eine gesetzlich vorgeschriebene Information, die als Hilfe für die Verbraucher zum Preisvergleich gedacht ist. Die Forscher waren sich nicht ganz sicher, warum das so war. Die wahrscheinlichste Erklärung, die sie anbieten konnten, war, daß der Preis pro Einheit im wesentlichen eine abstrakte, arithmetische Information ist. Außer in den Fällen, wo der Käufer ein Produkt jeweils in einer »runden« Menge kauft oder verwendet (zum Beispiel 1 Kilogramm), hat der Preis pro Einheit für ihn keine konkrete Bedeutung. Deshalb wird diese Angabe von Käufern oft ignoriert, obwohl sie den direktesten Weg zur Feststellung liefert, wieviel Ware man für sein Geld bekommt.

Eine häufige Methode bestand darin, Verhältnisse zwischen Preisen und Mengen auszurechnen, die einen direkten Vergleich ermöglichten. Das ging gut, wenn die Mengen in einem einfachen Verhältnis zueinander standen, zum Beispiel 2 : 1 oder 3 : 1. Wenn etwa von einem Produkt A 5 Stück 5 Dollar kosten und von einem Produkt B 10 Stück 9 Dollar, dann ist der Vergleich einfach. Ein typischer Käufer ging dann so vor: »Von Produkt A kosten 10 Stück 10 Dollar und von Produkt B 10 Stück 9 Dollar. Also ist Produkt B günstiger.« Bei einem Verhältnis von 3 : 2, wo es für einen Vergleich notwendig wäre, den einen Preis mit 2 und den anderen mit 3 zu multiplizieren, verzichteten die Testpersonen oft auf einen Vergleich.

Ein anderer Vorteil, mit dem Preis für die tatsächlich gekaufte Menge zu operieren – anstatt mit den idealisierten Mengen von Preisen pro Einheit –, besteht darin, daß der Preisvergleich oft nur einen Teil eines komplexeren Entscheidungsprozesses ausmacht, bei dem noch andere Faktoren mitspielen können, zum Beispiel die Kühlschrankgröße, die Zahl der Familienmitglieder, der voraussichtliche Verbrauch und die Haltbarkeit einer Ware. Die AMP-Forscher beobachteten auch immer wieder, daß die Einkäufer mit all diesen Variablen jonglierten, um zu ihrer Entscheidung zu kommen, und die Kaufoptionen erst nach dem einen, dann nach einem anderen Kriterium durchdachten. Die Berechnung zum Preisvergleich war sicher Teil dieses Prozesses, aber keineswegs der einzige. Trotz der Komplexität dieses Vorgangs schien das aber den Käufern keine riesigen Anstrengungen abzuverlangen. Tatsächlich waren sie sich gar nicht bewußt, daß sie bei ihrem Weg durch die Regale »soviel denken«. Es war für sie »bloß Einkaufen«.

Eine etwas andere Methode zum Preisvergleich berücksichtigt noch die Umwandlung von Maßeinheiten. Hierbei sind in den USA wegen der angelsächsischen Maßeinheiten nach wie vor ganz besondere Rechenfertigkeiten vonnöten. So enthält beispielsweise ein *pound* (453 g) nicht etwa 10 oder 100 kleinere Untereinheiten, sondern 16 Unzen (*ounces*, oz.) zu je 28,3 g. Das metrische System mit Gramm, Liter, Meter usw. ist in den USA im Alltag völlig ungebräuchlich und wird nur in wissenschaftlichen Fachtexten verwendet. Lave zitiert die folgende Unterhaltung zwischen einer AMP-Shopperin und ihrer Tochter:

Tochter: 18.
Einkäuferin: 18 Unzen zu 89 [Cents], und das hier?
                     [Zeigt auf eine andere Marke.]
Tochter.   Da sind 1 pound 7 Unzen drin.
Einkäuferin: Das wären dann 23 Unzen für 1 Dollar 17.

Nachdem sie das Gewicht des zweiten Produkts von pounds *und* Unzen in Unzen umgewandelt hatte, stand die Käuferin vor einem Gewichtsverhältnis von 18 : 23, und an diesem Punkt hörte sie auf zu rechnen und entschied anhand anderer Faktoren. Überhaupt brachen die Versuchspersonen ihre Rechenversuche oft ab, wenn die Preisvergleiche wie in diesem Fall besonders schwierig waren, und zogen andere Kriterien vor – kauften zum Beispiel die größere Menge mit dem Argument, größere Mengen seien ja ohnehin meist günstiger. Aus der Sicht des Mathematikers blieb das Problem damit natürlich ungelöst. Aber das hieß nicht, daß der gesamte Denkvorgang damit zu nichts geführt hätte. Schließlich gehen die meisten Kunden nicht in den Supermarkt, um zu rechnen, sondern um einzukaufen, und aus der Sicht eines Einkäufers, der vernünftige Entscheidungen treffen will, ist Rechnen nur eine von verschiedenen Möglichkeiten, die in Frage kommen. Damit kann ein Einkaufsbummel auch dann noch zu einem Erfolg werden – in dem Sinn, daß »vernünftige« Einkäufe getätigt werden –, wenn jemand nicht in der Lage ist, alle nötigen Berechnungen selbst exakt durchzuführen.

Eine andere Methode, die viele Testkäufer bei der Entscheidung zwischen zwei Alternativen wählten, war, das »Preisdifferential« zu berechnen, eine Prozedur, bei der nur zwei Subtraktionen erforderlich sind. Bei der Auswahl zwischen einem Fünferpack für 3,29 Dollar und einem Sechserpack für 3,59 Dollar argumentierte der Käufer: »Wenn ich die größere Packung nehme, kostet mich das 30 Cents für einen zusätzlichen Artikel. Ist er das wert?«

Zu den arithmetischen Techniken, die die Forscher bei ihren Versuchspersonen entdecken konnten, gehörten Schätzen, Auf- und Abrunden (etwa auf den nächsten Dollar) und »Rechnen von links nach rechts« (im Gegensatz zum »Rechnen von rechts nach links«, wie man es in der Schule lernt). Was dagegen zu fehlen schien, waren die meisten Techniken, die die Teilnehmer in der Schule durchgenommen hatten. Lave und ihre Kollegen forschten nun nach, wohin sich die Schulmathematik verflüchtigt hatte.

Um die Rechenleistungen der Testpersonen im Supermarkt mit den Fähigkeiten in »Schulmathematik« zu vergleichen, dachten sich die Forscher einen weiteren Test aus. Auch hier gab es faszinierende Ergebnisse. Trotz der erheblichen Anstrengungen der Wissenschaftler, die Versuchspersonen zu überzeugen, daß es sich nicht um eine Schularbeit handele, sondern daß es nur darum gehen solle, festzustellen, was noch von der Schulmathematik übriggeblieben sei, und dabei überhaupt nichts auf dem Spiel stehe, verhielten sich die Testkäufer so, als müßten sie eine Klassenarbeit schreiben. Wenn die Forscher zum Beispiel fragten, ob sie die Versuchspersonen während des Tests beobachten dürften, bekamen sie Antworten wie »Natürlich, Herr Lehrer!« zu hören. Sie sprachen von »Spicken«. Fragten, ob sie die Aufgaben abschreiben dürften. Und sie sprachen mit einer gewissen Selbstherabsetzung davon, daß sie sich schon so lange nicht mehr mit Mathematik beschäftigt hätten. Mit anderen Worten, die Kandidaten gingen den Mathe-Test in ihrem »Mathe-

Test-Modus« an, mit all den Emotionen, all dem Streß, der damit verbunden war.

Vielleicht war diese Reaktion zu erwarten. Schließlich hatte der »Mathe-Test« durchaus Elemente einer typischen Mathearbeit in der Schule: Es ging um ganze Zahlen und um Brüche, um positive und negative Zahlen, Dezimalen, Addition, Subtraktion, Multiplikation und Division. Andererseits waren die Aufgaben so konstruiert, daß damit die gleichen mathematischen Fähigkeiten getestet wurden, die die Forscher bereits im Supermarkt getestet hatten. Weil die Wissenschaftler festgestellt hatten, daß die Versuchspersonen oft Preise von Konkurrenzprodukten mit Hilfe des Preis-Mengen-Verhältnisses verglichen, fügten sie einige Aufgaben in den Test ein, um herauszufinden, wie die Käufer mit abstrakten Versionen der gleichen Probleme zurechtkämen. So verglichen tatsächlich viele Käufer vor der Entscheidung zwischen einer Dreierpackung für 4 Dollar und einer Sechserpackung für 7 Dollar die Verhältnisse $\frac{4}{3}$ und $\frac{7}{6}$ daraufhin, welches größer ist. Daher stellten die Forscher folgende Aufgabe im Test: »Welche Zahl ist größer: $\frac{4}{3}$ oder $\frac{7}{6}$?« Doch die gleichen Personen, die diese Aufgabe im Supermarkt einwandfrei lösten, versagten kläglich bei der Testaufgabe.

Insgesamt erreichten die Testpersonen durchschnittlich 98 Prozent der Höchstpunktzahl bei den Käufen im Supermarkt, aber nur 69 Prozent bei dem schriftlichen Test mit den gleichen Problemen. Warum?

Ein offensichtlicher Unterschied bestand darin, daß die Testpersonen davon ausgingen, bei den schriftlichen Aufgaben wären exakte Ergebnisse gefragt, während sie sich bei ihren Einkäufen eher auf Schätzungen verließen.

Aber der Hauptunterschied war, daß die Supermarktkäufer *nicht* die Rechenmethoden einsetzten, die sie in der Schule gelernt hatten. Vielmehr lösten sie die Probleme auf andere Weise.

Diese letzte Schlußfolgerung wird von der Tatsache unterstützt, daß die Ergebnisse bei dem schriftlichen Test um so besser waren, je länger die Personen Mathematikunterricht an der Schule gehabt hatten und je kürzer ihre Schulzeit zurücklag. Beides hatte aber keinerlei meßbare Auswirkungen auf die Leistungen im Supermarkt. Somit kann man über den Mathematikunterricht an der Schule folgendes feststellen: Wenn er überhaupt etwas vermittelt, dann, wie man gut in Schul-Mathearbeiten abschneidet. Er vermittelt aber nicht, wie man mit Hilfe von Mathematik alltägliche Rechenaufgaben löst.

Wir kommen später noch auf die Frage zurück, warum der Mathematikunterricht in den Schulen anscheinend nicht die Ziele erreicht, die man von ihm erwartet – und was wir tun könnten, um das zu verbessern. Doch lassen Sie uns zunächst noch einen Blick auf die Aufgaben werfen, die den Supermarkttestern die größten Schwierigkeiten bereiteten.

Was Supermarkteinkäufer falsch machen – und warum

Die Käufer, die Jean Lave im *Adult Math Project* untersuchte, waren höchst erfolgreich, wenn es um arithmetische Probleme in Alltagssituationen ging – unabhängig von ihrer Schulbildung. Wie machten sie das?

Natürlich könnte der Leistungsunterschied zumindest teilweise durch den Unterschied zwischen der realen Verkaufssituation und den Testbedingungen bestanden haben. Wie wir erfahren haben, konnten die Versuchspersonen gar nicht anders, als den Rechentest als »Klassenarbeit« aufzufassen. Aber das schien nicht der wichtigste Faktor zu sein. Der größte Unterschied schien statt dessen dadurch zu entstehen, welche Art von Test die Käufer machen sollten, und durch die Form, in der die Fragen präsentiert wurden. Das wurde bei einem weiteren Test der AMP-Forscher mit ihren Versuchspersonen deutlich: eine Einkaufssimulation.

Nun bekamen die Kandidaten bei sich zu Hause Einkaufsrechenaufgaben gestellt, die auf den Aufgaben beruhten, die sie nach Wissen der Tester bereits im Supermarkt gelöst hatten. In einigen dieser Simulationen wurden den Teilnehmern reale Dosen, Schachteln und Packungen verschiedener Waren aus dem Supermarkt präsentiert und die Versuchspersonen aufgefordert, sich zwischen mehreren Konkurrenzprodukten zu entscheiden. In einem anderen Versuch bekamen sie Preis- und Mengeninformationen auf Karteikarten. In dieser Simulation, die natürlich auch eine Art von »Test-Situation« war, aber mit Aufgaben vom Typ »Supermarkt-Einkauf« anstatt schulähnlichen Mathematikaufgaben, erzielten die Versuchspersonen durchschnittlich 93 Prozent der Höchstpunktzahl. (Auch daß die Simulation bei den Versuchspersonen zu Hause und von demselben Tester durchgeführt wurde, der sie auch schon beim Einkaufen begleitet hatte, schien erheblichen Einfluß zu haben. Ich komme gleich auf diesen Punkt zurück.)

Hier ein konkretes Beispiel: Eine Versuchsperson schneidet sehr gut in der Verkaufssimulation zu Hause ab (mit ungefähr 93 Prozent der Höchstpunktzahl), wenn man ihr eine Karte zeigt, auf der steht, daß eine Dreierpackung von Produkt A 4 Dollar kostet, sowie eine andere Karte mit der Information, eine Sechserpackung koste 7 Dollar, und sie fragt, welches Angebot günstiger ist. Stellt man die gleiche Versuchsperson jedoch vor eine Liste mit arithmetischen Aufgaben, dann schneidet sie viel schlechter ab (nur 59 Prozent), wenn sie sagen soll, ob $\frac{4}{3}$ oder $\frac{7}{6}$ größer ist. Und das, obwohl es sich in beiden Fällen um genau die gleiche arithmetische Aufgabe handelt!

Die Schlußfolgerung scheint also nicht zu sein, daß die Leute schwach in Mathe sind; sie können nur keine *Schulmathematik*. Wenn sie Alltagsprobleme lösen müssen, die Rechenfertigkeiten erfordern, kommen die meisten Leute gut damit zurecht – 98 Prozent ist ein praktisch fehlerfreies Ergebnis.

Gleich sehen wir, welche Arten von Rechenaufgaben gewöhnlichen Leuten die meisten Schwierigkeiten machen, und werden uns fragen, warum. Doch lassen Sie mich zuerst noch erwähnen, daß zwar einige der AMP-Shopper einen Taschenrechner dabei hatten, aber während des gesamten Projekts nur ein einziger Teilnehmer damit einen Preisvergleich durchführte, und das auch nur bei einer Aufgabe. Und kein einziger griff für eine Berechnung zu Stift und Papier.

Jetzt noch einige Details zur Versuchsanordnung bei dem »Test-Einkauf«, den die AMP-Forscher bei den Versuchspersonen zu Hause durchführten. Wie bereits erwähnt, waren die Leistungen der Teilnehmer dabei fast so gut wie beim wirklichen Einkauf. Sehr wahrscheinlich kam dieses Ergebnis nicht nur deswegen zustande, weil sie das Experiment nicht als »Matheprüfung« betrachteten, sondern weil es ihnen gelang, bei den meisten Fragen die gleichen geistigen Ressourcen zu mobilisieren wie im Laden. Die Forscher gaben sich viel Mühe, das zu erreichen, indem sie die Fragen in Form einer Unterhaltung stellten und häufig auf die tatsächliche Einkaufserfahrung Bezug nahmen, die beide – Wissenschaftler und Versuchsperson – gemeinsam gemacht hatten.

Die Bedeutung dieses Einkaufssimulationstests wird klar, wenn man die Ergebnisse mit denen eines anderen Einkaufssimulationstests vergleicht, den Deanna Kuhn durchführte.

Kuhn stellte vor einem südkalifornischen Supermarkt einen Tisch auf und sprach Kunden an, die gerade den Laden zum Einkaufen betreten wollten. Sie bat sie auszurechnen, welche von zwei Flaschen Knoblauchpulver günstiger war, die 1,25-Unzen-Flasche für 41 Cents oder die 2,37-Unzen-Flasche für 77 Cents, und das gleiche für zwei Flakons Deodorant, der eine mit 8 Unzen zu 1,36 Dollar und der andere mit 12 Unzen für 2,11 Dollar. Die Testpersonen durften für ihre Berechnungen Papier und Stift benutzen.

Die Ergebnisse unterschieden sich sehr von denen der AMP-Einkaufssimulation. Nur 20 Prozent der 50 Einkäufer, die sich zu einer Testteilnahme bereit erklärt hatten, waren in der Lage, die Frage mit dem Knoblauchpulver mit ihrem komplizierten Gewichtsverhältnis von 1,25 : 2,37 zu lösen; und nicht viel mehr – nur 32 Prozent – fanden die richtige Antwort bei der Deodorant-Frage, bei der das Gewichtsverhältnis 2 : 3 betrug.

Der riesige Unterschied zwischen den Ergebnissen der beiden Testserien – AMP und Kuhn – dürfte fast mit Sicherheit auf die Art und Weise zurückzuführen sein, wie die Testpersonen jeweils die Simulationen angingen. In der AMP-Simulation schienen sie zu verstehen, daß man sich von ihnen wünschte, sie stellten sich gerade sich selbst beim Einkaufen vor, während Kuhns Versuchspersonen den Test als »Prüfung« zu sehen schienen. Tatsächlich waren Kuhns Ergebnisse denen sehr ähnlich, die die AMP-Teilnehmer bei den *schulähnlichen* Tests erzielt hatten.

Mit anderen Worten: Man kann einen solchen Test vor einem Supermarkt durchführen und die Fragen in Einkaufszusammenhänge einkleiden, sogar so konkret, daß man den Teilnehmern Produkte zeigt, die man gerade selbst aus dem Supermarktregal genommen hat; aber wenn die Teilnehmer die ganze Veranstaltung als »Mathe-Test« auffassen, dann werden sie sich auch so verhalten. Sie werden dann versuchen, mit ihren längst vergessenen – und womöglich nie ganz verstandenen – Methoden der Schulmathematik an die Sache heranzugehen. Und in den meisten Fällen werden sie scheitern.

Welche Aufgaben machten den Teilnehmern bei den klassischen Rechenaufgaben die meisten Schwierigkeiten? Es war keine Überraschung, daß die Division für viel Verwirrung sorgte. Viele Teilnehmer gaben bei den Aufgaben 1,47 : 0,7 und 24 : 0,6 eine falsche Antwort (oder konnten sie erst gar nicht lösen). Andererseits war die Erfolgsquote bei den Divisionen 3,55 : 5, 100 : 26 und 124 : 8, sogar bei 984 : 24 höher; daher schienen die Schwierigkeiten bei den ersten Beispielen insbesondere durch das Dezimalkomma im Nenner verursacht gewesen zu sein. [Im Englischen werden Dezimalzahlen zwischen 0 und 1 wie zum Beispiel »0,6« als ».6« geschrieben – vielleicht bereitete diese Schreibweise zusätzliche Schwierigkeiten.]

Dezimalkommas verursachen auch bei der Multiplikation Probleme. Eine falsche Plazierung des Kommas führte dazu, daß viele Versuchspersonen falsche Antworten bei den Multiplikationen $0{,}42 \times 0{,}08$ und $3{,}5 \times 0{,}6$ gaben.

Die Stellung des Dezimalkommas kann auch bei der Subtraktion zu Problemen führen, es sei denn, es steht bei den beiden Zahlen an der gleichen Stelle. So berechneten die Teilnehmer die Subtraktion $0{,}81 - 0{,}51$, wo sich das Dezimalkomma bei beiden Zahlen an der gleichen Stelle befindet, halbwegs zufriedenstellend. Aber sie hatten Schwierigkeiten bei $3{,}75 - 0{,}8$ und $6 - 0{,}25$. (Vor allem die letzte Aufgabe schien überraschend vielen Kopfzerbrechen zu bereiten, obwohl es hier doch nur darum geht, $\frac{1}{4}$ von 6 abzuziehen.)

Die meisten Teilnehmer kamen mit der Addition von Dezimalzahlen zurecht und brachen auch bei Addition und Subtraktion von ganzen Zahlen noch nicht in Schweiß aus. Doch die Addition und Subtraktion von Brüchen war ein wahres Desaster. Additionen wie $\frac{1}{5} + \frac{2}{3}$, $\frac{1}{2} + \frac{5}{6}$ und $5\frac{1}{3} + 4\frac{3}{4}$ erwiesen sich als große Herausforderungen, ebenso Subtraktionen wie $\frac{3}{4} - \frac{2}{3}$, $\frac{3}{5} - \frac{1}{10}$ und $3\frac{1}{3} - \frac{1}{2}$.

Auch die Division von Brüchen – mit der komplizierten Regel der »Multiplikation mit dem Kehrwert« – verursachte Schwierigkeiten, selbst für vermeintlich einfache Aufgaben wie $8 : \frac{1}{2}$, gar nicht zu reden von »schwierigeren« wie $\frac{3}{2} : \frac{1}{4}$ oder $\frac{2}{3} : \frac{4}{5}$.

Das vielleicht überraschendste Ergebnis des AMP-Mathetests war die hohe Zahl von falschen Antworten bei der Multiplikation $16 \times \frac{1}{2}$, selbst bei Personen, die die Aufgaben $\frac{2}{3} \times \frac{5}{7}$ und $\frac{4}{5} \times \frac{3}{4}$ lösen konnten.

Auf den ersten Blick ist es nicht offensichtlich, was einige Aufgaben schwieriger als andere macht. Aber es gibt ein Muster. Alle Fragen, die die Testpersonen zufriedenstellend lösen konnten, waren genau in der gestellten Form lösbar. Bei allen Aufgaben, die Schwierigkeiten machten, war entweder eine Umformung vor dem Lösungsschritt nötig, oder – wie im Fall der Multiplikation von Dezimalzahlen – ein Schlußschritt, um das Dezimalkomma richtig zu positionieren. So erfordert zum Beispiel die Addition oder Subtraktion von Brüchen einen Umformungsschritt, um gleiche Nenner zu erhalten (indem man beispielsweise $\frac{1}{5} + \frac{2}{3}$ als $\frac{3}{15} + \frac{10}{15}$ schreibt), und die Division von Brüchen die Bildung des Kehrwerts des Divisors (indem man zum Beispiel $\frac{3}{2} : \frac{1}{4}$ umwandelt in $\frac{3}{2} \times \frac{4}{1}$). Selbst die einfach aussehende Aufgabe $16 \times \frac{1}{2}$ muß zuerst in $16 : 2$ umgewandelt werden.

Die Hauptschwierigkeit bei der Schulmathematik sind anscheinend nicht die Additionen, Subtraktionen und Multiplikationen, nicht einmal die Divisionen *als solche*, sondern die *Umformungsschritte*, die vor einer Anwendung dieser elementaren Rechenschritte notwendig sind. Diese Hypothese wurde durch einen zusätzlichen Test bestätigt, den die AMP-Tester noch durchführten. Er zeigt, daß die Kenntnisse der Versuchspersonen von einfachen Additionen, Subtraktionen, Multiplikationen und Divisionen von Zahlenpaaren aus ein-, zwei- und sogar dreistelligen positiven Ganzen Zahlen in Ordnung waren. So hatten die Testpersonen keine Schwierigkeiten bei der Berechnung von Aufgaben wie $12 + 9$, $31 - 11$, 7×12 oder $72 : 9$.

Zusammenfassend sind die Schwierigkeiten von Menschen mit Schularithmetik anscheinend darauf zurückzuführen, daß sie die Schule verlassen haben, ohne die entscheidend wichtigen Umformungsregeln richtig zu beherrschen, oder diese nur teilweise verstanden haben.

Diese Beobachtung ist besonders angesichts der Tatsache interessant, daß die Einkäufer im Supermarkt anscheinend all ihre numerischen Probleme durch eine Reihe von Umformungsschritten bewältigen, die das ursprüngliche Problem in ein ähnliches, für die Einkäufer aber leichter zu bewältigendes umwandeln, und dabei oft sogar jeden Rechenschritt (im üblichen Sinn von »rechnen«) ganz vermeiden. Da die Umformungsschritte, die die Einkäufer bei ihren Kaufentscheidungen in korrekter Weise durchführen, durchaus denen entsprechen, die sie auch anwenden müßten, um die entsprechende Aufgabe aus der Schulmathematik zu lösen, ist die wahrscheinlichste Erklärung dieser Diskrepanz die, daß die Schüler die in der Schule gelernten Umformungsregeln *auswendig* lernen, ohne sie jemals wirklich zu verstehen. Doch kaum ist aus dem Schüler ein erwachsener Käufer geworden, hat er (oder sie) kaum Schwierigkeiten, genau diese Umformungen in Alltagssituationen durchzuführen.

Der Unterschied zwischen den Leistungen bei Tests im »Schul-Stil« und der Verwendung von Arithmetik im Alltag erscheint dann sogar als besonders dramatisch, wenn man sich klarmacht, daß die AMP-Teilnehmer ihre volle Konzentration auf die Bewältigung der schulähnlichen Rechenaufgaben richteten – und trotzdem viele Fehler machten. Die entsprechenden Rechenschritte, die sie beim Einkaufen fast perfekt beherrschten, konnten sie auch dann noch durchführen, wenn sie gleichzeitig mit einer anderen Tätigkeit befaßt waren, die ebenfalls zahlreiche andere Denkprozesse erforderte, und zugleich allen möglichen Arten von Ablenkungen und Unterbrechungen ausgesetzt waren.

Ähnliche Ergebnisse zeigten sich auch in anderen Untersuchungen anderer Forschergruppen. Um nur eine zu zitieren: Es gab eine Studie unter Mitarbeitern einer Molkerei, die Lastwagen beluden. In ihrer alltäglichen Arbeit machten die Arbeiter praktisch keine Fehler bei der Berechnung der Lademengen, obwohl bei manchen Produkten eine Lieferung aus 16 Artikeln bestand, bei anderen aus 32 und bei manchen sogar aus 48 und ein Teil der Lieferkisten voll und andere nur teilweise beladen ausgeliefert wurden. Und doch erreichten diese Arbeiter bei einem Test mit schulmathematischen Aufgaben, die genau die gleichen Rechenschritte erforderten, lediglich 64 Prozent der möglichen Punktzahl. Obwohl die Dauer des Schulbesuchs die Ergebnisse der schriftlichen Tests beeinflußte, hatte er keine Auswirkung auf ihre berufliche Leistung. Einige der Arbeiter hatten sogar noch nicht einmal eine Grundschule bis zum Ende besucht, und doch waren ihre arithmetischen Leistungen am Arbeitsplatz genauso gut wie die aller anderen, obwohl sie einige der dort erforderlichen Rechentechniken gar nicht aus der Schule kennen konnten. Im übrigen wurden die berufsbezogenen arithmetischen Fähigkeiten um so besser, je länger sie in der Molkerei gearbeitet hatten – und je länger damit der Schul-Mathematikunterricht zurücklag.

Und auch hier zeigen uns die Tatsachen, wie Menschen mit Zahlen in ihrem privaten oder beruflichen Alltagsleben umgehen, daß der Mathematikunterricht an den Schulen nicht den Effekt zu haben scheint, den die meisten Menschen von ihm erwarten, nämlich die Beherrschung effizienter Rechenmethoden zu vermitteln. Damit will ich nicht sagen, daß ein solcher Unterricht reine Zeitverschwendung ist oder daß er beim Umgang mit Zahlen überhaupt nicht hilft. Ich denke aber, daß eine Unkenntnis in bezug auf diese Tatsachen hinter manchen hitzigen Diskussionen über den Mathematikunterricht steckt, die so viele Eltern wie Schulbehörden in Atem halten.

Eines verraten uns diese Erkenntnisse aber auf jeden Fall: Wenn wir unsere Chancen, Mathematik zu lernen, verbessern möchten, müssen wir uns lange und intensiv mit dem Kontext und der Art und Weise befassen, wie Mathematik präsentiert wird. Dieses Thema möchte ich in den letzten Kapiteln des Buches nochmals aufgreifen. Zunächst aber möchte ich Ihnen erklären, warum Menschen im Umgang mit Zahlen und beim Rechnen alle anderen Lebewesen übertreffen. Wenn sie einer der vielen sind, die sich über schwache Rechenleistungen mit der Tatsache hinwegtrösten, daß sie richtig gut in Sprachen sind (zumindest in ihrer Muttersprache), dann machen Sie sich auf eine Überraschung gefaßt. Denn die entscheidende Fähigkeit unseres Gehirns, die uns Menschen zum Rechnen befähigt, ist unsere Fähigkeit zu sprechen.

Wie wir bereits aus Kapitel 1 wissen, werden Menschen mit einem Sinn für die Anzahl von Dingen geboren (oder erwerben ihn kurz nach der Geburt). Dieser Sinn erlaubt uns, ein, zwei oder drei Objekte oder Töne zu unterscheiden. Spätestens mit vier Monaten wissen wir (vielleicht unbewußt), daß zwei einzelne Objekte zusammengenommen eine Menge aus zwei Objekten bilden und nicht eine Menge aus überhaupt keinem oder drei Objekten. Und wir wissen: Wenn man von einer Menge von zwei Gegenständen einen wegnimmt, bleibt einer übrig und nicht zwei oder gar keiner.

So überraschend es scheinen mag, diese Fähigkeiten sind nicht einzigartig für den Menschen. Mit Hilfe ähnlicher Techniken wie bei der Untersuchung von Kleinkindern haben Tierpsychologen gezeigt, daß auch Ratten, verschiedene Vogelarten, Löwen, Affen, die keine Menschenaffen sind, Schimpansen und andere Tiere einen ähnlichen Sinn für die Anzahl haben. Doch es gibt einige bedeutsame Unterschiede. Ein Unterschied zwischen Menschen und Tieren beim Umgang mit der Anzahl von Dingen besteht darin, daß Menschenbabys bereits sehr früh alle anderen Spezies in der Genauigkeit weit übertreffen.

Ein anderer Aspekt, bei dem Menschen viel besser als alle Tierarten abschneiden, ist ihre Fähigkeit, über die elementare Anzahl von eins, zwei oder drei hinauszugehen und mit viel größeren Zahlen zurechtzukommen. Doch hierbei verwenden wir eine völlig andere Methode auf der Grundlage des Zählens. Bei dieser Herangehensweise sind geistige Fähigkeiten erforderlich, die in einem anderen Teil des Gehirns lokalisiert sind als der Sinn für die Anzahl.

Wie zählen wir Menschen – und wer kann denn überhaupt zählen?

Die Fähigkeit zum Zählen scheint fast ausschließlich dem Menschen vorbehalten zu sein. Zwar haben Wissenschaftler mit enormem Trainingsaufwand auch Schimpansen, anderen Menschenaffen und einzelnen Tieren anderer Affenarten beigebracht, halbwegs zuverlässig (das heißt, keineswegs perfekt) bis etwa 10 zu zählen (siehe Kapitel 9). Doch davon abgesehen scheinen nur die Menschen die Schallmauer der Zahl 3 komplett durchbrochen zu haben. Die einzige Grenze, die es für uns beim Zählen einer Menge gibt, ist die Zeit, die wir dafür zur Verfügung haben. Wenn wir erst einmal als Kinder verstanden haben, wie der Trick mit dem Zählen funktioniert, dann können wir auch unbegrenzt weiterzählen, wenn wir genug Zeit dazu haben.

Eng verbunden mit dem Zählen sind unser Gebrauch von willkürlichen Symbolen zur Bezeichnung einer Anzahl – wir nennen diese Symbole »Zahlen« – und der Umgang mit Anzahlen in Form des Umgangs mit diesen Zahlensymbolen. Diese beiden menschlichen Fähigkeiten ermöglichen uns, den ersten Schritt weg vom angeborenen Sinn für Anzahlen zu machen, hin zur großen und machtvollen Welt der Mathematik.

Als erstes muß man sich im Zusammenhang mit dem Zählen klarmachen, daß es nicht das gleiche ist wie anzugeben, wie viele Elemente eine Menge hat. Die Zahl der Elemente einer Menge ist nur eine *Aussage* über diese Menge. Das Zählen dieser Elemente dagegen ist ein *Vorgang*, der es erfordert, die Menge in einer bestimmten Weise zu strukturieren und dann in der so festgelegten Reihenfolge durchzugehen, wobei jedes Element eines nach dem anderen abgezählt wird.

Wir sind so sehr an die Bedeutung von »zählen« als ein Hilfsmittel zur Beantwortung der Frage »Wie viele?« gewöhnt, daß wir vergessen, daß wir einmal *lernen* mußten, daß uns das Zählen eine Auskunft über das »Wie viele?« gibt. Für sehr kleine Kinder haben Zählvorgang und Zahlen ziemlich wenig miteinander zu tun. Bitten Sie einen drei Jahre alten Jungen, Ihnen seine Spielzeuge vorzuzählen, und er wird ihnen problemlos herunterrattern: »Eins, zwei, drei, vier, fünf, sechs, sieben!« Vielleicht zeigt er bei jeder Zahl auch noch mit dem Finger auf ein anderes Spielzeug. Wenn Sie ihn aber dann fragen, wie viele Spielzeuge er besitzt, ist es sehr wahrscheinlich, daß er Ihnen die erstbeste Zahl nennt, die ihm in den Sinn kommt. Oder bitten Sie ein ganz gewöhnliches dreijähriges Mädchen, Ihnen drei Spielsachen zu geben. Sie bekommen dann vermutlich so viele Spielsachen, wie es mit beiden Händen tragen kann. Und doch wird das Kind Ihnen, wenn Sie danach fragen, fröhlich alles vorzählen: »Eins, zwei, drei, vier, fünf ... «

Mit etwa vier Jahren erkennen Kinder, daß ihnen das Zählen eine Hilfe zum Entdecken des »Wie viele?« ist. Teil dieses Erkenntnisprozesses ist die Entdeckung, daß es beim Zählen der Elemente einer Menge nicht auf die Reihenfolge ankommt. Ganz gleich, bei welchem Element man anfängt, man kommt immer auf die gleiche Zahl. Von diesem Zeitpunkt an braucht man zum Zählen beliebiger Mengen nur noch zu wissen, wie man die Zahlwörter anwendet – eine Regel, die im Deutschen etwa so lautet: Beginne mit der Reihe der einstelligen Grundzahlen von »eins« bis »neun«, zähle »zehn«, »elf«, »zwölf«, dann hänge an jede der einstelligen Grundzahlen ein »-zehn« an, bis du zu »zwanzig« kommst, und beginne dann wieder mit den einstelligen Grundzahlen, nur diesmal mit einem »-undzwanzig« dahinter, also »einundzwanzig«, »zweiundzwanzig« usw.

Hinweise darauf, daß das Zählen eine erworbene Technik und keine angeborene Fähigkeit ist, lieferten auch Untersuchungen bei sogenannten »Naturvölkern«, die nicht zählen. (Genaugenommen zählen sie nicht über »zwei« hinaus, was man so interpretieren könnte, daß sie überhaupt nicht zählen.)

Wenn zum Beispiel ein Mann des Vedda-Stammes auf Sri Lanka Kokosnüsse zählen will, sammelt er Zweige und ordnet jeder Nuß einen davon zu. Jedesmal wenn er einen neuen Zweig zu den anderen legt, sagt er: »Das ist eine.« Wenn man ihn aber fragt, wie viele Kokosnüsse er denn besitzt, deutet er einfach auf den Zweighaufen und meint: »So viele!« Diese Menschen haben also durchaus ein Zählsystem (oder etwas genauer, ein System, daß die Anzahl darstellt), aber eines ohne Zahlen.

Oder betrachten wir die Warlpiri, einen Aborigines-Stamm in Australien. Ihre Muttersprache erlaubt es ihnen, bis zwei zu zählen. Größere Anzahlen werden einfach mit »viel« bezeichnet. Natürlich sind sie nicht prinzipiell unfähig zum Zählen, sie zählen und rechnen eben auf Englisch. Nur ist ihre Muttersprache in dieser Beziehung auf einem Stand, als noch »Eins, zwei, viele« gezählt wurde. (Andere Naturvölker zählen »Eins, zwei, *drei*, viele«, aber niemals »Eins, zwei, drei, *vier*, viele«. Die Grenze für einen »universellen Zahlensinn« scheint bei drei zu liegen.)

Wann und wie entwickelten unsere Vorfahren erstmals die Idee zu zählen, anstatt mit Hilfe des angeborenen Sinnes für die Anzahl zu schätzen? Eine Möglichkeit wäre, daß alles genauso anfing wie heute noch bei kleinen Kindern, mit Hilfe der Finger. Wie alle Eltern und Grundschullehrerinnen wissen, nehmen Kinder beim Rechnenlernen spontan ihre Finger zur Hilfe. Dieser spontane Drang der Kinder ist tatsächlich so stark, daß ein Kind, dem das Fingerrechnen untersagt wird (weil ein Lehrer oder ein Elternteil ihm sagt, es solle »richtig«, also »wie ein Erwachsener« zählen), einfach weiter mit den Fingern zählt – aber eben heimlich. Dazu möchte ich nur hinzufügen, daß die weitverbreitete Vorstellung, auf die Finger beim Zählen zu verzichten, sei die »erwachsene« Art des Rechnens, irrig ist: Wir wissen doch alle, daß viele Erwachsene immer noch die Finger zum Zählen verwenden.

Einen deutlichen Hinweis, daß das Zählen ursprünglich etwas mit unseren Fingern zu tun hatte, liefert die Tatsache, daß unser Zahlensystem auf der Basis 10 beruht. Wir haben zehn Finger, und wenn wir diese zum Zählen verwenden, kommen wir damit bis zur Zahl 10. Dann müssen wir uns etwas einfallen lassen, um uns daran zu erinnern, daß wir »einmal zwei Hände voll« gezählt haben (vielleicht mit einem Fuß einen Stein zur Seite schieben), und dann wieder neu mit den Fingern zählen. Anders ausgedrückt, Fingerrechnen ist Rechnen auf der Grundlage der Zahl 10, und jedesmal wenn wir bei 10 angelangt sind, nehmen wir einen Übertrag vor.

Ein weiterer Hinweis für die Hypothese, daß das Rechnen mit Hilfe der Finger begann, ist das vom lateinischen *digitus* (Finger) abstammende englische Wort *digit*, das sowohl »Finger« als auch »Ziffer« bedeutet. Das deutsche Wort »Finger« ist indogermanischen Ursprungs; eine Zuordnung zum Zahlwort »fünf« ist möglich, läßt aber semantisch viele Fragen offen.

Zugegeben, keiner dieser Hinweise ist für sich allein ein überwältigender Beweis. Aber sie geben doch zu denken, wenn man sie im Zusammenhang mit einigen neueren experimentellen Befunden aus den Labors der Gehirnforschung betrachtet.

Mit Hilfe verschiedener Techniken können Wissenschaftler die Aktivität einzelner Gehirnbereiche bei einer bestimmten Aufgabe messen. So ist zum Beispiel beim Sprechen der sogenannte Frontal- oder Stirnlappen besonders aktiv. In gewisser Hinsicht befindet sich also im Frontallappen das »Sprachzentrum« des Gehirns.

Laborversuche haben gezeigt, daß die intensivste Gehirnaktivität beim Kopfrechnen im linken Parietal- oder Schläfenlappen stattfindet, dem Teil hinter dem Frontallappen. Zugleich ergab sich in ähnlichen Untersuchungen, daß der linke Parietallappen auch die Region ist, die unsere Finger kontrolliert. (Zur Bewegung und Koordination unserer Finger ist ein erheblicher Teil der Gehirnaktivität erforderlich, mehr als für alle anderen Körperteile. Deswegen ist auch ein großer Teil des Gehirns damit befaßt.)

Für mich ist es kein Zufall, daß der Teil des Gehirns, den wir für das Zählen verwenden, genau der Teil ist, der auch unsere Finger bewegt. Ich glaube, das ist eine Folge davon, daß unsere Vorfahren mit Hilfe der Finger zu zählen begannen und daß das menschliche Gehirn im Lauf der Zeit die Fähigkeit erwarb, die Fingerbewegungen von der gedanklichen Aktivität »loszulösen« und ohne Zuhilfenahme der Finger zu zählen.

Zusätzlich zu den Ergebnissen aus den Gehirnforschungslabors haben auch klinische Psychologen eine Verbindung zwischen der Fingerbewegung und numerischen Fähigkeiten entdeckt. Patienten mit Schädigungen im linken Parietallappen zeigen oft ein ungewöhliches Verhalten, das als Gerstmann-Syndrom bekannt ist. Die Patienten können zum Beispiel nicht mehr angeben, *welcher* Finger gerade berührt wurde, und sie können in aller Regel rechts und links nicht mehr auseinanderhalten. Für unsere Betrachtungen besonders interessant ist, daß Menschen mit dem Gerstmann-Syndrom auch immer Schwierigkeiten im Umgang mit Zahlen haben.

Falls unsere frühen Vorfahren die Welt der Zahlen tatsächlich mit Hilfe ihrer Finger entdeckt haben – vielleicht vor 50 000 oder 100 000 Jahren –, dann wäre die große Gehirnregion, die die Finger kontrolliert, auch diejenige, in der bei ihren Nachfahren die abstrakteren Fähigkeiten des Kopfrechnens zu finden sind. Höchstwahrscheinlich ist unser heutiger Zahlensinn eine Abstraktion der physischen Fingerbewegungen jener frühen Vorfahren, die, wie wir heute, der Gattung *Homo sapiens* angehörten.

Kopfrechnen wäre damit im wesentlichen ein »offline«-Fingerrechnen, das möglich wurde, als das Gehirn unserer Vorfahren die Fähigkeit erwarb, die Gehirnprozesse im Zusammenhang mit der Bewegung der Finger von den Muskeln zu trennen, die die Finger bewegen.

Als die Dinge abstrakt wurden –
Symbole eines numerischen Geistes

Die Verwendung unserer Finger zum Zählen bedeutet, daß wir eine Konzeption von der Anzahl von Dingen haben, aber noch nicht zwangsläufig ein Konzept von *Zahlen*, denn ein solches ist etwas rein Abstraktes. Wenn ich sage: »Dieses Sparschwein enthält fünf Cent«, dann ist das eine Aussage über das Sparschwein und seinen Inhalt, keine Aussage über Zahlen. Das Wort »fünf« wird als Adjektiv verwendet. Wenn ich aber sage: »Denk an die Fünf«, verwende ich »Fünf« als Substantiv. Als solches bezieht sie sich auf ein bestimmtes Objekt. Auf welches? Nun, auf *die Zahl Fünf*. Die Zahl Fünf ist kein konkretes Objekt wie ein Stuhl, sondern vielmehr ein abstraktes Objekt. Wir können es nicht sehen, anfassen oder schmecken, aber wir können darüber nachdenken und es verwenden.

Diese abstrakten Objekte, die wir »Zahlen« nennen, sind der Schlüssel zur modernen Mathematik. Sie stehen für den Übergang von unbewußten, angeborenen mathematischen Fähigkeiten – die wir mit vielen anderen Lebewesen teilen – zur bewußt geschaffenen symbolischen Mathematik, die praktisch allein dem Menschen vorbehalten ist. Wie und wann kamen wir zu dieser Errungenschaft?

Schon vor 30 000 Jahren ritzten unsere Vorfahren Kerben in Holz und Knochen, um (wie wir glauben) das Verstreichen der Jahreszeiten oder die Mondphasen zu dokumentieren, vielleicht auch noch anderes. Dabei handelte es sich eindeutig um *Zählvorgänge*, aber noch ohne abstrakte Zahlen.

Die zur Zeit besten Beweise für die Einführung *abstrakter* Zahlen zum Zählen (»1«, »2«, »3« usw.) im Gegensatz zu Markierungen entdeckte die Archäologin Denise Schmandt-Besserat von der University of Texas in den 1970er und 1980er Jahren. Damals untersuchte sie Grabungsstätten im Zweistromland, wo die Hochkultur der Sumerer etwa zwischen 3300 und 2000 v. Chr. ihre Blüte erlebte.

Überall wo Schmandt-Besserat Grabungen vornahm, entdeckte sie kleine Tonfiguren unterschiedlicher Formen: Scheiben, Kugeln, Kegel, Tetraeder, elliptische Gebilde, Zylinder, Dreiecke und Rechtecke. Die älteren waren eher einfach, die später entstandenen oft hochkompliziert. Zunächst stand sie vor einem Rätsel. Doch allmählich, als sie und die anderen Archäologen Schritt für Schritt ein zusammenhängendes Bild der sumerischen Hochkultur konstruierten, wurde klar, daß diese Figuren Zählsteine waren, die im Handel benutzt wurden. Jede Figur stellte eine bestimmte Anzahl oder Menge einer bestimmten Ware dar: Metall, ein Krug Öl, ein Laib Brot, ein Ochse, ein Schaf, ein Kleidungsstück und so weiter (siehe Abbildung 11.1).

Soweit wir wissen, war dies die erste organisierte Form des Zählens (und der Buchführung). Wohlgemerkt, es gab immer noch keine abstrakten Zahlen. Weil die Tonfiguren zum Zählen verwendet wurden, könnten wir sie als eine ganz konkrete Form von »Zahlen« auffassen. Als solche wären sie dann der erste Schritt zu den *abstrakten* Zahlen, die wir heute verwenden.

Abbildung 11.1: *Diese kleinen Tonfiguren, die Denise Schmandt-Besserat im Nahen Osten fand, wurden von den Sumerern zwischen 3300 und 2000 v. Chr. zum Zählen ihres Besitzes verwendet.*

Ein sumerischer Händler oder Geschäftsmann pflegte all seine Tonfiguren gemeinsam an einer bestimmten Stelle aufzubewahren, sozusagen als Überblick über sein Vermögen. Meist packte er mehrere Tonfiguren zusammen in feuchten Lehm und brachte auf der Hülle ein Siegel an. Diese Methode war sicher. Wenn die Lehmhülle getrocknet war, bestand keine Gefahr mehr, daß der Sumerer den Überblick über seinen Reichtum verlor. Erst als er Handel treiben wollte, war die Sache nicht mehr so einfach. Jetzt mußte der Kaufmann die Hülle aufbrechen, um seine Buchhaltung zu aktualisieren, um Tonfiguren hinzuzufügen oder herauszunehmen. Schlimmer noch, der Ärmste mußte die Hülle jedesmal aufbrechen, wenn er nur einfach sein derzeitiges Vermögen überprüfen wollte.

Um sich den Ärger zu ersparen, jedesmal die Tonhülle aufbrechen und eine neue machen zu müssen, gewöhnten sich die fortschrittlicheren Sumerer an, vor dem Einpacken ihrer Zählfiguren jedesmal einen Abdruck davon auf der Hülle anzubringen. So mußten sie nicht jedesmal wieder den Umschlag öffnen, um ihr Vermögen in Augenschein zu nehmen. Sie mußten sich nur die Markierungen auf der Außenseite der Lehmhülle anschauen.

So ging das eine ganze Zeit, bis ein besonders scharfsinniger Sumerer erkannte, daß das Verfahren noch weiter vereinfacht werden konnte. Bis dahin repräsentierten die Zählfiguren in dem Umschlag eine gewisse Menge Waren: Ochsen, Ölkrüge, Tierhäute oder was auch immer. Die Zählfiguren ihrerseits wurden wieder durch die Markierungen auf dem Umschlag dargestellt, die durch das Eindrücken dieser Zählfiguren in den Lehm entstanden waren, bevor dieser aushärtete. Dann jedoch erkannte unser besonders scharfsinniger Sumerer, daß die Zählfiguren an sich eigentlich gar nicht gebraucht wurden. Die entscheidende *Information* steckte in den Markierungen auf der Außenseite der Umschläge. Und so entschloß er sich, in Zukunft völlig ohne die Zählfiguren auszukommen und sich nur noch auf die Abdrücke im Lehm zu verlassen. Damit mußte dieser Lehm natürlich auch nicht mehr in Form eines verschlossenen Umschlags geformt werden. Er konnte als flache Tontafel von der Art belassen werden, wie sie Abbildung 11.2 zeigt.

Damit haben wir also mit einem Schlag die Ursprünge von gleich zwei der elementarsten Grundlagen der modernen Gesellschaft: erstens den Beginn symbolischer Sprache. Mit *symbolisch* meine ich den Gebrauch von standardisierten, aber im wesentlichen beliebigen Symbolen zur Darstellung von Ideen und Konzepten, im Gegensatz zu erkennbaren Zeichnungen oder Bildern. Schmandt-Besserat war der Ansicht, die Sumerer verwendeten Symbole zur Bezeichnung einer Anzahl schon vor der Erfindung der Schrift für Sprache, in der die Symbole gespro-

Abbildung 11.2: *Die Anfänge der Schrift. Als die Sumerer keine Tonfiguren mehr sammelten und statt dessen Markierungen in Lehmtafeln drückten, erfanden sie damit abstrakte Zahlen und legten den Grundstein zur Schrift.*

chene Wörter darstellen. Wenn es stimmt, daß die Antriebskraft hinter der Einführung geschriebener Symbole eher Zahlen als Worte waren, dann wäre das ein weiterer interessanter Hinweis darauf, wie grundlegend Zahlen für uns tatsächlich sind.

Die zweite grundlegende Veränderung, die damit einherging, daß die Sumerer die Tonfiguren in den Umschlägen aufgaben, war nichts Geringeres als das Aufkommen der abstrakten Zahlen. Denn als die Tonfiguren abgeschafft waren, hinterließen sie Spuren: abstrakte Zahlen – die Objekte, die durch die Symbole bezeichnet werden und ihrerseits die Anzahl von Objektmengen in der Welt darstellen.

Heutzutage sind Zahlen und ihre Symbole so sehr Teil unseres Lebens, daß wir nur selten, wenn überhaupt, einen Gedanken an sie verschwenden. Gewiß denken wir vielleicht dann und wann über die Schritte einer Berechnung nach oder über eine arithmetische Aufgabe, aber nicht über die Zahlen als solche. Und doch sind sie eine der tiefgreifendsten und mächtigsten Erfindungen der Menschheit, und sie durchdringen fast jeden Bereich des modernen Lebens.

Die Abstraktheit der Zahlen bedeutet, daß wir uns ihnen durch die Sprache nähern und mit ihnen umgehen müssen. Anders als konkrete Objekte wie Katzen, Stühle oder Menschen – über die wir nachdenken können, ohne unbedingt Wörter oder andere Symbole zu brauchen, um uns darauf zu beziehen – sind Zahlen eng mit den Symbolen verbunden, die sie bezeichnen.

Mancher Mathematiker mag dieser letzten Bemerkung widersprechen, und weil ich selbst Mathematiker bin, verstehe ich seinen Einwand. In einer gewissen Art können Mathematiker und vielleicht auch andere Menschen die Fähigkeit entwickeln, über Zahlen unabhängig von den für sie verwendeten Symbolen nachzudenken. Aber diese Verbindung kann nie völlig gelöst werden. Einen klaren Beweis für diese Tatsache lieferten Anfang der 1980er Jahre zwei israelische Wissenschaftler, Avishai Henik und Joseph Tzelgov. Sie zeigten Versuchspersonen jeweils zwei

Ziffern in unterschiedlich großen Drucktypen auf einem Computerbildschirm und maßen die Zeit, die Teilnehmer benötigten, um zu entscheiden, welche der beiden Ziffern in der größeren Schrift geschrieben war.

Diese Aufgabe hatte *überhaupt nichts* mit der Zahl zu tun, die durch das jeweilige Zahlensymbol dargestellt wurde. Es ging nur um die Größe des graphischen Symbols. Dennoch brauchten die Versuchsteilnehmer länger für ihre Entscheidung, wenn die Größe der Drucktypen dem Zahlenwert der Symbole widersprach, als wenn die beiden übereinstimmten. So dauerte es zum Beispiel länger zu entscheiden, daß das Symbol **3** größer ist als das Symbol 8, als zu entscheiden, daß das Zeichen **8** größer ist als das Zeichen **3**. Die Teilnehmer konnten nicht vergessen, daß *die Zahl* 8 größer ist als *die Zahl* 3. Anscheinend sind wir unfähig, die Zahlensymbole von den Zahlen, für die sie stehen, zu trennen. (Im Gegensatz dazu hatten die Versuchspersonen viel weniger Schwierigkeiten, die größere Drucktype zu bestimmen, wenn ihnen Paare von Zahlwörtern vorgelegt wurden, zum Beispiel **Drei** und **Neun**.)

Weil wir mit unseren Zahlensymbolen so vertraut sind, neigen wir dazu, eine Ziffernreihe wie zum Beispiel 349 (d. h. eine Folge von drei *Symbolen*) mit der Zahl zu verknüpfen, für die diese Symbolfolge steht – wir fassen »349« als *Zahl* auf. Dabei übersehen wir gern die Tatsache, daß unser Zahlensystem eine *Sprache* darstellt – eine Sprache zur Bezeichnung der Zahlen. Tatsächlich kommt dieses System einer wirklich internationalen Sprache sehr nahe. Obwohl Menschen in verschiedenen Ländern der Welt unterschiedliche Sprachen sprechen und in manchen Weltgegenden unterschiedliche Alphabete zum Schreiben von Wörtern verwenden, schreibt doch jeder Zahlen auf die gleiche Weise mit Hilfe der zehn arabischen Ziffern 0, 1, 2, 3, 4, 5, 6, 7, 8 und 9.

Es ist wirklich sehr bemerkenswert, daß wir mit diesen zehn Ziffern *jede* positive ganze Zahl darstellen können. Die Grundidee dieses Systems ist uns so vertraut, daß wir nur selten innehalten und darüber nachdenken, daß es sich dabei um ein äußerst intelligentes Verfahren handelt. Wir verwenden die Ziffern zur Bildung von numerischen »Wörtern«, die Zahlen bezeichnen, ebenso wie wir Buchstaben zu Wörtern zusammensetzen, die verschiedene Objekte oder Handlungen in unserer Welt bezeichnen.

Der Zahlenwert, der einer bestimmten Ziffer in jedem dieser numerischen »Wörter« zugemessen wird, hängt von ihrer Position in diesem »Wort« ab. So bezeichnet in der Zahl

1492

die erste Ziffer 1 (an der Tausender-Stelle) die Zahl *Ein*tausend, die zweite Ziffer 4 (an der Hunderter-Stelle) die Zahl *Vier*hundert, die dritte Ziffer 9 (an der Zehner-Stelle) die Zahl *Neun*zig (oder *neun* Zehner) und die letzte Ziffer 2 (an der Einer-Stelle) die Zahl *Zwei*. Damit steht das gesamte Zahl-»Wort« 1492 für die Zahl

*Ein*tausend*vier*hundert*zwei*und*neun*zig.

Dieses System wurde in Indien entwickelt und erhielt seine jetzige Form im wesentlichen im 6. Jahrhundert. Über arabische Händler und Gelehrte gelangte es im 7. Jahrhundert in den Westen und wird heute allgemein als »indisch-arabisches Zahlensystem« oder einfacher als »arabisches Zahlensystem« bezeichnet. Es dürfte mit einiger Gewißheit eine der erfolgreichsten abstrakten Erfindungen aller Zeiten sein.

Als das arabische Zahlensystem einmal zur Darstellung von positiven ganzen Zahlen zur Verfügung stand, war es leicht, es zur Darstellung von Brüchen und negativen Zahlen zu erweitern. Die Einführung des Dezimalkommas und des Bruchstrichs ermöglicht uns die Darstellung von Bruchzahlen wie 3,1415 oder $\frac{31}{50}$. Durch die Einführung des Minuszeichens »–« wurden negative Zahlen darstellbar, sowohl ganze als auch Bruchzahlen. (Negative Zahlen wurden bereits im 6. Jahrhundert von indischen Mathematikern verwendet, die negative Mengen durch einen Kreis um das Zahlensymbol kennzeichneten. Aber europäische Mathematiker akzeptierten die Vorstellung »negativer Zahlen« erst im frühen 18. Jahrhundert endgültig.)

Einen Eindruck von der Effizienz des arabischen Zahlensystems bekommt man, wenn man einmal kurz über ein Zahlensystem nachdenkt, das ihm voranging: römische Zahlen, die gelegentlich auch heute noch verwendet werden, hauptsächlich für zeremonielle Zwecke.

In römischen Zahlen würde das Datum 1492 so aussehen:

MCDXCII

M = eintausend + CD (einhundert [C] weniger als fünfhundert [D]) + XC (zehn [X] weniger als einhundert [C]) + II (zwei [I und I]).

Für die Römer mit ihrer mühevollen Zahlenschreibweise mit den Symbolen I, V und X waren sogar einfache Additionen schwierig zu berechnen; noch viel mehr gilt dies für die größeren Zahlen wie L (= 50), C (= 100), D (= 500) und M (= 1000). Versuchen Sie einmal – am besten jetzt gleich – ein paar einfache Additionen und Multiplikationen mit römischen Ziffern auszurechnen, und Sie werden selbst sehen, was ich damit meine. Ist es da verwunderlich, daß die Römer darüber hinaus keine Bruchzahlen oder negative Mengen darzustellen vermochten?

Die Römer leiteten ihr Zahlensystem aus dem der alten Griechen ab. Bei all ihren Stärken in abstrakter Mathematik (insbesondere Geometrie) verwendeten die Griechen der Antike in ihrem Alltag ein sehr einfaches, aber mühsames System zur Darstellung von Zahlen. Grundlage des griechischen Zahlensystems war eine Vorgehensweise, die auch heute noch viele von uns verwenden, wenn es um das Zählen von Mengen geht, etwa die Zahl der Teilnehmer an einem Ausflug. Wir machen dann für jede Person einen Strich auf einem Blatt Papier, jeweils vier nebeneinander, und schließen jedes dieser Bündel durch einen Querstrich ab, wenn die fünfte Person gezählt wird. So steht zum Beispiel die Zeichenfolge

$$\text{卌} \quad \text{卌} \quad \text{卌} \quad \text{III}$$

für 18 Objekte (5 +5 + 5 + 3).

In ähnlicher Weise verwendeten die Griechen vertikale Strichmarkierungen, gruppierten sie aber in Vielfache von fünf, zehn und hundert. Diese Vielfachen bezeichneten sie mit dem ersten Buchstaben des (griechischen) Wortes für jede Gruppe und schrieben diese Buchstaben dann von links nach rechts hintereinander auf. So schrieben die Griechen beispielsweise die Zahl 428 als

HHHHDDPIII

nämlich 4 × H (*hekatón*, hundert) plus 2 × D (d*eka*, zehn) plus 1 × P (*pente*, fünf) plus 3 (Einer).

Das arabische Zahlensystem stellte einen ungeheuren Fortschritt gegenüber seinen Vorgängern dar, nicht nur, weil es das Rechnen sehr erleichtert, sondern auch, weil mit dem arabischen Zahlensystem die Zahl*wörter* laut gelesen werden können und sich darüber hinaus in der gesprochenen Version auch noch die numerische Struktur in der Anzahl von Einern und Vielfachen von Zehnern, Hundertern usw. widerspiegelt. So kann das arabische Zahlwort 5823 als »fünftausendachthundertdreiundzwanzig« ausgesprochen werden. (Wir werden noch auf die Auswirkungen der unterschiedlichen Formen des Lesens arabischer Zahlen in verschiedenen Sprachen wie Chinesisch oder Japanisch zu sprechen kommen.)

Eine andere Stärke des arabischen Zahlensystems ist, daß es

selbst eine Sprache darstellt. Damit erlaubt es den Menschen – mit ihrer angeborenen Befähigung zur Sprache – ihre Sprachfertigkeiten zum Umgang mit Zahlen einzusetzen. Während, wie bereits erwähnt, unser intuitiver »Sinn für Anzahlen« im linken Parietallappen des Gehirns zu finden ist, erfolgt der Umgang mit der »sprachlichen Darstellung« exakter Zahlen im Frontallappen (wo sich das Sprachzentrum befindet). Darauf komme ich noch zurück.

Obwohl die Symbole 1, 2, 3, 4, 5, 6, 7, 8 und 9 inzwischen in aller Welt benutzt werden, gab es in der Vergangenheit auch andere Schriftsymbole, darunter die Keilschrift, das Etruskische, die Symbole der Maya, des antiken China und Indiens sowie das bereits erwähnte römische System. Die Chinesen verwenden auch heute noch neben unseren arabischen Ziffern eine moderne Variante ihres alten Zahlensystems, und natürlich benutzen auch westliche Gesellschaften für bestimmte Zwecke immer noch römische Ziffern.

Im Zusammenhang mit unseren früheren Diskussionen um den Zahlensinn und den besonderen Charakter der ersten drei Zahlen 1, 2 und 3 ist die Beobachtung interessant, daß in allen jemals verwendeten Zahlensystemen diese drei Zahlen auf die gleiche Weise dargestellt wurden: Die 1 durch einen einzelnen Strich oder Punkt, die 2 dadurch, daß man zwei dieser Symbole nebeneinanderstellte, und die 3 durch eine Anordnung von drei dieser Zeichen. So sehen im römischen Zahlensystem die ersten drei Zahlen folgendermaßen aus: I, II und III. Die Maya verwendeten Punkte: •, •• und •••. Erst ab dem Symbol für die Zahl 4 gehen die verschiedenen Systeme auseinander.

»Wie das?« werden Sie fragen. »Unser arabisches Zahlensystem folgt doch diesem Muster nicht!?« Oh doch. Das ursprüngliche indische System verwendete waagerechte Striche: −, =, ≡. Unsere heutigen Zahlen entstanden, als die Schriftgelehrten diese drei Symbole niederschrieben, ohne den Stift vom Papier zu nehmen, wodurch folgende Muster entstanden: $-$, z, $\exists$. Irgendwann geriet das erste Zeichen dann in die Vertikale, wie bei den römischen Zahlen. Bei der Erfindung des Buchdrucks erhielten die Ziffern dann das stilisierte Aussehen, das sie heute immer noch haben: **1, 2, 3**.

Das arabische Zahlensystem, einschließlich der Regeln (der »Grammatik«), nach denen die Ziffern zu »Wörtern« zusammengesetzt werden, beruht auf der Zahl 10. Die Wahl dieser Zahl zur *Grundzahl* ist wenig rätselhaft. Wie wir bereits festgestellt haben, bestand eine der frühesten und naheliegendsten Zählmethoden im Gebrauch der zehn Finger – der *digits*.

Übrigens stammt die Idee, Zahlen mit Hilfe weniger Grundsymbole zu schreiben und sie zu »Zahlenwörtern« zusammenzufassen, von den Babyloniern. Allerdings beruhte deren um 2000 v. Chr. entstandenes System auf der Grundzahl 60, weshalb es eher unpraktisch war und keine sehr weite Verbreitung fand, obwohl wir es auch heute noch bei unserer Zeitmessung verwenden. (Eine Stunde besteht aus 60 Minuten, eine Minute aus 60 Sekunden.)

Abgesehen davon, daß die Grundzahl 10 der Zahl unserer Finger entspricht, ist an ihr nichts Besonderes. Für bestimmte Zwecke wurden – und werden – auch Systeme mit anderen Grundzahlen verwendet. Insbesondere die heutige Computertechnologie beruht auf dem »Binärsystem« mit der Grundzahl 2, da dies das passendste System für digitale elektronische Geräte ist. Die Stunden des Tages zählen wir mit Hilfe eines Systems auf der Grundzahl 12 (oder auf der Grundzahl 24, wie zum Beispiel bei Fahrplänen).

Wie ich bereits angedeutet habe, ist einer der wichtigsten Aspekte der arabischen Zahlen, daß man damit mit ziemlich einfachen (und leicht zu erlernenden) formalen Schritten rechnen kann. Wenn wir zum Beispiel addieren, dann schreiben wir alle Zahlen rechtsbündig untereinander und zählen dann von rechts nach links jeweils alle untereinanderstehenden Ziffern zusammen. Wenn die Summe in einer Spalte 10 beträgt, notieren wir in der entsprechenden Spalte des Ergebnisses eine 0 und übertragen die 1 in die Spalte links davon. Diese Prozedur kann auch automatisiert werden. Die erforderlichen Schritte hängen nicht davon ab, welche Zahlen jeweils addiert werden sollen. Insbesondere können wir Maschinen bauen, die diese Arbeit für uns übernehmen. Ähnliches gilt für die anderen Grundrechenarten Subtraktion, Multiplikation und Division. Für jede Rechenart gibt es Standardprozeduren, die immer funktionieren, ganz gleich, um welche konkreten Zahlen es sich handelt.

Die arabischen Zahlen machen die Grundrechenarten zu einem derart geistlosen Vorgang, daß in den Tagen, als es noch keine billigen Taschenrechner für jedermann gab, der Rechenunterricht in den Schulen unter Schülern mit am unbeliebtesten war. Es ist wirklich bedauerlich, daß durch antiquierte Unterrichtsmethoden immer noch eine der größten abstrakten Erfindungen der Menschheit an vielen, vielleicht sogar den meisten Schülern unerkannt vorüberzieht. Das wahre Wunder der Erfindung des arabischen Zahlensystems wird durch die Alltäglichkeit unseres Umgangs mit den Symbolen verdeckt. Aber vergessen wir nicht, welche Genialität und Erfindungsgabe hinter dem arabischen Zahlensystem steckt. Es ist kompakt und leicht zu erlernen. Wir können damit Zahlen beliebiger Größe darstellen – Zahlen, die Mengen bezeichnen und zu Messungen aller Art verwendet werden können. Überdies – und das ist sicherlich die ganz besondere Stärke – reduziert es tatsächlich das Rechnen mit Zahlen auf eine *Routinemanipulation von Zeichen* auf einem Blatt Papier (oder auf elektrische Impulse in einem Computer).

Eigentlich hat das arabische Zahlensystem, soweit ich weiß, nur einen Nachteil: Es macht es sehr schwer, das kleine Einmaleins zu lernen.

Permanente Unsicherheit oder warum tun wir uns mit 8 x 7 so schwer?

Wie bereits erwähnt, scheint unser Gehirn Zahlensymbole anders zu verarbeiten als die Bezeichnungen dafür, die Zahlwörter. Zahlensymbole sind eng mit den Zahlen selbst verknüpft (den entsprechenden Punkten auf unserem »inneren Zahlenstrahl«), während die Zahlwörter »bloße Namen« für die Zahlen sind. Diese Hypothese konnte aus Beobachtungen von Patienten mit bestimmten Hirnschädigungen entwickelt werden.

So gibt es zum Beispiel Menschen, die unfähig sind, Wörter zu lesen, aber ein- und mehrstellige Zahlen lesen können, wenn man sie ihnen in Ziffernschreibweise vorlegt. Andere wieder können die Wörter lesen, auch Zahlwörter und in Worten geschriebene mehrstellige Zahlen, aber keine zwei- oder mehrstellige Zahl, die man ihnen in Ziffernschreibweise präsentiert.

Der Psychologe Brian Butterworth berichtete von einem extremen Fall einer Frau namens Donna, die am linken Frontallappen des Gehirns operiert worden war. Obwohl sie ein- oder mehrstellige Zahlen in Ziffernschreibweise lesen und schreiben kann, kann sie nicht nur keine Wörter lesen oder schreiben, sondern auch nur die Hälfte aller Buchstaben des Alphabets nennen. Obwohl sie nicht einmal ihren eigenen Namen schreiben kann – bei dem Versuch kommt nur ein unleserliches Gekritzel heraus –, schneidet sie doch gut bei einem standardisierten Rechentest ab (bei dem die Aufgaben in rein numerischer Form gestellt werden). Sie schreibt die Zahlen korrekt untereinander und kommt immer auf das richtige Ergebnis.[26]

Die Erkenntnis, daß wir unseren Zugang zu den Zahlen über die Sprache finden, ist auch der Schlüssel dafür, daß so viele von uns große Schwierigkeiten mit dem kleinen Einmaleins haben.

Im Prinzip sollte das kleine Einmaleins für uns ein Klacks sein. Schließlich geht es dabei doch nur darum, sich einige, sehr wenige Fakten zu merken. Wenn man wirklich das Produkt aus der Multiplikation jeder Zahl von 1 bis 10 mit jeder anderen Zahl von 1 bis 10 lernen müßte, dann wären das 100 getrennte Fakten. Selbst das ist nicht viel, wenn man bedenkt, daß ein durchschnittliches amerikanisches Kind schon mit sechs Jahren zwischen 13 000 und 15 000 Wörter gelernt hat, die es in einem Kontext erkennen kann und deren korrekte Bedeutung es kennt. Wir müssen uns aber viel weniger als 100 Fakten für das kleine Einmaleins merken. Zum einen muß kein Mensch die Einer- und die Zehnerreihe wirklich lernen. Zieht man diese ab, bleiben nur noch 64 Ergebnisse zu lernen (jede der Zahlen 2, 3, 4, ... 9, multipliziert mit jeder der Zahlen 2, 3, 4, ... 9). Die meisten Leute haben kaum Schwierigkeiten mit der Zweier- und der Fünferreihe. Zieht man diese ab, bleiben nur noch 36 einstellige Multiplikationen, deren Ergebnis zu behalten etwas schwerer fällt (nämlich die Multiplikationen von 3, 4, 6, 7, 8 und 9 jeweils mit 3, 4, 6, 7, 8 und 9). Wenn man sich dann noch erinnert, daß sich bei der Multiplikation das Ergebnis nicht verändert, wenn man die beiden Multiplikatoren vertauscht (so hat zum Beispiel 4×7 das gleiche Ergebnis wie 7×4), dann reduziert sich die Zahl nochmals auf die Hälfte, auf achtzehn. Damit braucht man sich für das komplette kleine Einmaleins nur 18 Fakten zu merken. Warum aber fällt uns das so schwer?

Dieses Problem hat etwas mit der Sprache zu tun. Wir lernen unser Einmaleins über die Sprache auswendig, ähnlich wie ein Gedicht. Meist sollten wir als Kinder in der Grundschule die einzelnen Reihen immer wieder auswendig aufsagen. Dabei haben wir aber eigentlich nichts über diese Zahlen gelernt, sondern vielmehr Sprachmuster. Obwohl die regelmäßige Verwendung dieser Reihen schließlich dazu führen kann, daß das Gehirn über die Sprachmuster hinausgeht und eigenständige »Zahlenmuster« entwickelt, bleiben jene sprachlichen Muster dominant. Selbst heute noch, 45 Jahre nachdem ich als Grundschüler »mein kleines Einmaleins« gelernt habe, rufe ich mir das Ergebnis jeder Multiplikation von zwei einstelligen Zahlen durch stilles Aufsagen der entsprechenden Zahlentabelle ins Gedächtnis zurück. Ich erinnere mich an den Klang der Zahlwörter, nicht an die Zahlen selbst. Ich glaube sogar, daß ich die Zahlwörter *genauso* höre, wie ich sie damals mit sieben Jahren gelernt habe, einschließlich meines damaligen Yorkshire-Akzents!

Ebenso wie die Sprache ein Mittel zum Lernen des kleinen Einmaleins darstellt, hilft sie auch zu verstehen, warum wir so große Schwierigkeiten mit manchen Multiplikationen haben. Warum machen normal begabte Erwachsene trotz vielstündigen Lernens und Übens in der Schule immer noch Fehler bei etwa jeder zehnten Aufgabe aus dem kleinen Einmaleins? Und warum kann es bei einigen besonders problematischen Multiplikationen wie 8×7 oder 9×7 bis zu zwei Sekunden dauern, bis eine Antwort kommt, die dann auch noch in einem von vier Fällen falsch ist? (Ist 8×7 eigentlich 54, 56 oder 63? Und wieviel ist 9×7? Auch so ein schwieriger Fall.)

Das Problem hat nicht etwa mit einer Schwäche des menschlichen Gehirns zu tun, sondern mit zwei seiner größten Stärken. Erstens ist es ein wahrhaft großartiger Mustererkenner. Wie gut das menschliche Gehirn bei der Mustererkennung ist, wird uns klar, wenn wir in einer Wolke, einer Felsformation, einem abstrakten Tapetenmuster oder der Mondoberfläche ein Gesicht erkennen können.

Die zweite große Stärke des menschlichen Gehirns ist seine unglaubliche Fähigkeit zur Muster- oder Gedankenassoziation. Wir alle haben schon die Erfahrung gemacht, daß unser Gedächtnis mit Hilfe von Assoziationen funktioniert – ein Gedanke führt weiter zum nächsten. Jemand spricht von Deutschland, und wir denken an unseren Urlaub dort vor drei Jahren, wodurch wir daran erinnert werden, daß wir den Urlaub für nächsten Sommer noch nicht geplant haben ... aber das Dach muß repariert werden, und vielleicht sollten wir unser Urlaubsgeld dafür ausgeben – oh, wir haben ja vergessen, die Maurerrechnung für die

Ausbesserung der Wand zu bezahlen. Und so weiter und so fort, von Deutschland zu einer Maurerrechnung in nur vier Schritten, wobei ein Gedanke den nächsten ergibt, in einer Kette, die immer so weitergehen könnte, wenn wir es nur zulassen.

In diesen beiden Fähigkeiten unterscheidet sich das Gehirn stark von einem Computer. Trotz riesiger Investitionen von Geld, Talent und Zeit im Laufe der letzten 50 Jahre sind Versuche weitgehend fehlgeschlagen, Computer zu entwickeln, die Gesichter erkennen oder überhaupt in einer Szenerie irgendeinen Sinn erkennen können. Auch heute können Computerdatenbanken erst in sehr eingeschränkter Form Muster assoziieren. Auf der anderen Seite fällt es uns schwer, das eine oder andere zu tun, was Computer mit Leichtigkeit bewältigen, zum Beispiel, sich das kleine Einmaleins zu merken. Computer sind ideal geeignet, Informationen präzise zu speichern und wiederzugeben sowie präzise Berechnungen durchzuführen. Ein moderner Computer kann Milliarden von Rechenschritten in einer Sekunde durchführen, und jeder einzelne ist richtig.

Weil wir uns das Einmaleins über die Sprache merken, geraten manche Ergebnisse einander ins Gehege – man sagt, sie *interferieren*. Wo ein Computer die drei Multiplikationen $7 \times 8 = 56$, $6 \times 9 = 54$ und $8 \times 8 = 64$ als drei grundverschiedene Fakten »sieht«, die nichts miteinander zu tun haben, erkennt das menschliche Gehirn Ähnlichkeiten zwischen diesen drei Multiplikationen, insbesondere sprachliche Ähnlichkeiten im Rhythmus, wenn wir die Aufgaben laut aussprechen. Wenn wir zum Beispiel an das Muster 7×8 denken, werden dadurch verschiedene andere Muster aktiviert, unter denen sich sehr wahrscheinlich die Zahlen 48, 56, 54, 45 und 64 befinden.

Stanislas Dehaene illustriert diesen Aspekt sehr geistvoll in seinem Buch *The Number Sense* mit folgendem Beispiel (Seite 127): Nehmen wir an, Sie hätten eine Liste mit den folgenden Namen und Adressen:

- Charlie David wohnt in der Albert Bruno Avenue.
- Charlie George wohnt in der Bruno Albert Avenue.
- George Ernie wohnt in der Charlie Ernie Avenue.

Allein sich diese drei Fakten zu merken scheint schon eine wahre Herausforderung zu sein. Der Grund dafür: Es gibt zu viele Ähnlichkeiten, und deshalb interferiert jeder Eintrag mit allen anderen. Doch diese Adreßeinträge sind nichts anderes als andere Formulierungen von Multiplikationen aus dem kleinen Einmaleins! Ersetzen wir die Namen Albert, Bruno, Charlie, David, Ernie, Fred und George durch die Ziffern 1, 2, 3, 4, 5, 6 und 7 und ersetzen den Ausdruck »wohnt in« durch das Gleichheitszeichen – und schon erhalten wir drei Multiplikationen:

- $3 \times 4 = 12$
- $3 \times 7 = 21$
- $7 \times 5 = 35$

Es sind die Musterinterferenzen, die uns solche Schwierigkeiten machen.

Das Phänomen der Musterinterferenz ist auch der Grund dafür, daß es länger dauert festzustellen, daß die Gleichung $2 \times 3 = 5$ falsch ist, als zu erkennen, daß $2 \times 3 = 7$ nicht stimmt. Die erste Gleichung wäre korrekt, wenn es sich um eine Addition handelte ($2 + 3 = 5$); daher ist uns das Muster »2 ... 3 ... 5« vertraut. Dagegen kennen wir kein Muster der Zahlenkombination »2 ... 3 ... 7«.

Diese Art von Musterinterferenz können wir beim Lernprozeß von kleinen Kindern beobachten. Spätestens mit sieben Jahren kennen die meisten Kinder viele Additionen von zwei einstelligen Zahlen auswendig. Wenn es aber an das Lernen des kleinen Einmaleins geht, kommen die Antworten auf einfache Additionsaufgaben nicht mehr ganz so spontan, und es schleichen sich Fehler der Art »2 + 3 = 6« ein.

Eine andere Art von Interferenz beim Abruf von Ergebnissen des kleinen Einmaleins erfolgt, wenn wir auf die Frage »Wieviel ist 5 × 6?« mit »56« antworten. Irgendwie gerät das Gehirn beim Lesen der Zahlen 5 und 6 auf die falsche Spur. Andererseits macht niemand Fehler wie etwa 2 × 3 = 23 oder 3 × 7 = 37. Weil die Zahlen 23 oder 37 in *keiner* Multiplikationsreihe vorkommen, bringt sie unser assoziatives Gedächtnis auch nicht mit Multiplikation in Verbindung. Die Zahl 56 kommt aber in diesen Reihen vor, und so wird diese Zahl aktiviert, wenn wir die Aufgabe 5 × 6 lesen.

Um es nochmals zu wiederholen, viele unserer Schwierigkeiten mit der Multiplikation werden durch eine der wichtigsten und nützlichsten Eigenschaften des menschlichen Gehirns verursacht: das assoziative Gedächtnis und die hervorragende Fähigkeit zur Mustererkennung. Diese entwickelten sich über viele hunderttausend und Millionen Jahre, um den Anforderungen des Alltagslebens unserer frühen Vorfahren zu genügen. Zu diesen Aufgaben gehörte nicht das Rechnen, das ja höchstens ein paar tausend Jahre alt ist. Zum Rechnen müssen wir Gehirnfunktionen nutzen, die sich zu ganz anderen Zwecken entwickelt haben (d. h. im Laufe der Evolution selektiert wurden).

Der Aufwand zum Erlernen des kleinen Einmaleins ist (aufgrund der Interferenzeffekte) derart groß, daß Menschen, die eine zweite Sprache erlernen, meist auch weiterhin in ihrer Muttersprache rechnen. Wie gut sie ihre Fremdsprache auch beherrschen – und vielen gelingt es sogar, vollkommen in einer anderen Sprache zu denken –, es ist einfacher, zum Rechnen in die Muttersprache zurückzukehren und das Ergebnis zu übersetzen, als zu versuchen, das kleine Einmaleins in der Fremdsprache zu erlernen. Diese Beobachtung bildete die Grundlage eines ausgeklügelten Experiments, das Dehaene und seine Kollegen 1999 durchführten, um zu bestätigen, daß wir zum Rechnen unsere sprachlichen Fähigkeiten nutzen.

Ihre Hypothese war folgende: Rechenaufgaben, die eine exakte Antwort erfordern, hängen von unserem Sprachvermögen ab – insbesondere verwenden wir dabei verbale Darstellungen von Zahlen –, während wir bei Aufgaben, bei denen es um Näherungsantworten oder um gutes Schätzen geht, unsere Sprachfertigkeit nicht verwenden.

Zum Testen dieser Hypothese stellten die Forscher eine Gruppe von zweisprachigen Testpersonen mit den Sprachen Englisch und Russisch zusammen und brachten ihnen einige neue Rechenoperationen mit zweistelligen Zahlen in einer der beiden Sprachen bei. Diese neuen Kenntnisse wurden dann ebenfalls in einer der beiden Sprachen abgefragt. Fragen, die eine exakte Antwort erforderten, wurden nun langsamer beantwortet, wenn die Lehrsprache und die Sprache, in der die Fragen gestellt wurden, sich unterschieden – langsamer als bei gleichen Sprachen. Bei Fragen, die nur eine ungefähre Antwort, eine Schätzung erforderten, beeinflußte die Sprache, in der die Frage gestellt wurde, die Antwortzeit nicht.

Nach Angaben der Forscher brauchten die Befragten zur Beantwortung der »exakten« Frage in der »anderen« Sprache deshalb länger (und zwar etwa eine Sekunde länger im Vergleich zu den 2,5 bis 4,5 Sekunden, die zur Beantwortung in der »gleichen« Sprache notwendig waren), weil die Versuchspersonen die Frage in die Sprache übersetzten, in der sie das entsprechende Rechenergebnis erlernt hatten.

Um herauszufinden, welche Regionen des Gehirns bei den Versuchsteilnehmern während der Beantwortung der unterschiedlichen Fragetypen jeweils aktiviert waren, bestimmten die Forscher während des gesamten Testvorgangs die Gehirnaktivität der Probanden. Wenn die Probanden Fragen beantworteten, die ein ungefähres Ergebnis erforderten, fand sich die größte Hirnaktivität in den beiden Parietallappen – den Hirnregionen, die den Zahlensinn beherbergen und das räumliche Denken unterstützen. Bei Fragen nach einer exakten Antwort dagegen war eine wesentlich stärkere Aktivität im Frontallappen meßbar – dem Teil, der die Sprache kontrolliert.

Alles in allem war das Ergebnis sehr überzeugend. Die Fähigkeit des Menschen, seinen intuitiven, angeborenen Zahlensinn auf das exakte Rechnen zu erweitern, scheint auf unserem Sprachvermögen zu beruhen. Doch wenn das stimmt, müßten wir dann nicht auch Unterschiede bei der Rechenfertigkeit in jedem anderen Land feststellen können? Wenn sich die Wörter, die zur Bezeichnung der Zahlen verwendet werden, stark voneinander unterscheiden, sollte dies vermutlich einen Einfluß darauf haben, wie gut oder schnell die Leute dort das kleine Einmaleins lernen. Und genau das ist tatsächlich der Fall, wie wir als nächstes entdecken werden.

Klang und Einfachheit der Zahlen, warum chinesische und japanische Kinder schneller rechnen und die Tricks der Schnellrechner

Alle zwei bis drei Jahre verkünden amerikanische Zeitungen, daß Schüler in den USA wieder einmal in einem internationalen Leistungsvergleich in Mathematik schlecht abgeschnitten haben. Obwohl es nie an hämischen Kommentaren auf solche Nachrichten hin mangelt, ist es in Wirklichkeit äußerst schwierig, aus Vergleichen zwischen Nationen und Kulturen schnelle und zuverlässige Schlüsse zu ziehen. Dabei sind immer viele Faktoren im Spiel, und selbst wenn wirkliche Probleme vorliegen, haben einfache Lösungen meist kaum Aussicht auf viel Erfolg. Bildung und Erziehung sind keine einfachen Angelegenheiten.

In derartigen Vergleichen scheinen japanische und chinesische Kinder oft amerikanische Kinder zu übertreffen, und sie übertreffen auch Kinder aus England und großen Teilen Westeuropas, wo die Schüler im großen und ganzen genauso abschneiden wie in den Vereinigten Staaten. Angesichts der kulturellen Ähnlichkeiten zwischen den USA, England und Westeuropa und den Unterschieden zwischen diesen Kulturen und den Kulturen Japans und Chinas ist es vernünftig anzunehmen, daß kulturelle Differenzen zu diesen Unterschieden beitragen. Auch die verschiedenen Schulsysteme spielen sicher bei Leistungsunterschieden eine Rolle. Doch das gilt auch für Sprache – zählen und rechnen lernen ist für chinesische und japanische Kinder viel einfacher! Diese Tatsache beruht teilweise darauf, daß ihre Zahlwörter viel kürzer und einfacher sind – meist eine einzige, kurze Silbe wie das chinesische »si« für 4 und »qi« für 7. Dadurch sind sie viel leichter auszusprechen, sowohl laut als auch in Gedanken, und damit auch leichter zu lernen.

Nicht nur die Bezeichnungen für die einzelnen Ziffern sind im Chinesischen kürzer, auch die Grammatikregeln zur Bildung anderer Zahlen sind viel einfacher als im Englischen. So ist zum Beispiel die Regel zur Bildung von chinesischen Zahlwörtern für Zahlen, die größer als 10 sind, ganz einfach: 11 ist *zehn eins*, 12 ist *zehn zwei*, 13 ist *zehn drei* und so weiter, bis *zwei zehn* für 20, *zwei zehn eins* für 21, *zwei zehn zwei* für 22 usw. Überlegen Sie nur, wieviel komplizierter das englische System ist. (Im Französischen oder Deutschen ist es noch viel schlimmer, etwa beim zungenbrecherischen *quatre-vingt dix-sept* für 97 oder *vierundfünfzig* für 54.) Eine neuere Untersuchung von Kevin Miller ergab, daß sprachliche Unterschiede dafür verantwortlich sind, daß amerikanische Kinder beim Zählenlernen gegenüber chinesischen Kindern um ein ganzes Jahr hinterherhinken. Spätestens mit vier Jahren können chinesische Kinder meist bis 40 zählen. Amerikanische Kinder im gleichen Alter kommen kaum bis 15, und sie brauchen ein ganzes Jahr länger, um bis 40 zählen zu können. Woher wissen wir, daß dieser Unterschied auf sprachlichen Ursachen beruht? Ganz einfach: Die Kinder in beiden Ländern weisen keinen Altersunterschied beim Zählen von 1 bis 12 auf. Erst wenn es über 12 hinausgeht, fangen die Schwierigkeiten an, wenn also die amerikanischen Kinder die verschiedenen Sonderregeln zur Bildung von Zahlwörtern kennenlernen. Die chinesischen Kinder brauchen dagegen keine neuen Regeln mehr zu lernen. Sie wenden einfach immer die gleichen an, die bereits für die Zahlen von 1 bis 12 funktioniert haben. (Wenn amerikanische Kinder das versuchen, werden sie sofort vom Lehrer korrigiert: »Nein, du kannst nicht sagen *twenty-nine, twenty-ten, twenty-eleven* [neunundzwanzig, zehnundzwanzig, elfundzwanzig]. Es heißt: *twenty-nine, thirty, thirty-one* [neunundzwanzig, *dreißig, ein*unddreißig].«)

Die chinesischen Zahlwörter sind nicht nur einfacher zu lernen, sondern erleichtern auch das Rechnen, weil sie eng der Struktur der arabischen Zahlen mit ihrer Grundzahl 10 folgen. Ein chinesischer Schüler erkennt schon *aus der sprachlichen Struktur,* daß die Zahl »zwei-zehn fünf« (d. h. 25) aus zwei Zehnern und 5 Einern besteht. Ein amerikanischer oder deutscher Schüler muß sich dagegen *merken,* daß »twenty/zwanzig« für »zwei Zehner« steht und daß demnach »twenty-five/fünfundzwanzig« zwei Zehner und fünf Einer bedeutet.

Wenn es also darum geht, Zählen und einfaches Rechnen zu lernen, kann unsere Sprache unsere Leistung beeinflussen. Das ist deswegen der Fall, weil wir uns beim Umgang mit Zahlen unserer Fähigkeit zum Sprechen bedienen. Damit können sprachliche Muster unsere Versuche, zählen zu lernen und bestimmte Rechenaufgaben zu lösen, fördern oder behindern.[27]

Ein Bereich, wo sprachliche Muster zweifellos eine Hürde für das Rechnen darstellen – und in diesem Fall sind Kinder aller Nationalitäten betroffen –, ist das Addieren von Brüchen.

So illustriert folgende falsche Addition einen häufigen Irrtum beim Addieren von Brüchen:

$$\frac{1}{2} + \frac{3}{5} = \frac{4}{7}$$

Wer diesen Fehler macht, erkennt hier zwei Additionen und addiert erst die Zähler 1 + 3 = 4 und dann die Nenner 2 + 5 = 7. Wenn man nur die Symbole + und = betrachtet und übersieht oder nicht erwähnt, daß auch der Bruchstrich ein entscheidendes mathematisches Symbol ist, dann erscheint dieses Vorgehen nur logisch.[28] Und doch ist es falsch, denn es ist unsinnig, die durch die Symbole repräsentierten *einzelnen Zahlen* zu addieren. Die Rechenschritte, die mit allen in dieser Aufgabe vorhandenen Symbolen durchgeführt werden müssen – jene Schritte, die der Addition der beiden Bruchzahlen entsprechen, die durch die Symbol*wörter* $\frac{1}{2}$ und $\frac{3}{5}$ dargestellt werden –, sind erheblich komplizierter. Zudem sind Regeln *nur* dann sinnvoll, wenn man sich klarmacht, was das für Zahlen sind, die durch die Zahlensymbole repräsentiert werden. Wenn man hier einfach nur mechanisch die Rechenregeln für die Addition von ganzen Zahlen anwendet, kommt man zu einem falschen Ergebnis, weil diese Regeln hier nicht gelten.

Ich bin sicher, daß Fälle wie dieser schuld daran sind, daß so viele Kinder Mathematik als »unlogisch« und »voll unsinniger Regeln« betrachten. Sie halten Mathematik für eine Sammlung von Regeln, *um etwas mit Symbolen zu machen.* Einige Symbolregeln erscheinen einsichtig, andere ziemlich willkürlich. Die einzige Chance, dieses Missverständnis zu vermeiden, besteht darin, daß Lehrer sich vergewissern, daß ihre Schüler verstanden haben, was diese Symbole bedeuten. Dies ist oft nicht der Fall. Dennoch soll es Schüler geben, die lernen, wie man Brüche richtig addiert. Wie ist das möglich?

Weil das menschliche Gehirn ein exzellentes Instrument zur Mustererkennung mit beträchtlichen Anpassungsfähigkeiten ist, kann es mit ausreichendem Training praktisch jede symbolische Tätigkeit in mehr oder weniger »geistloser« Weise durchführen. Damit ist es auch möglich, ein menschliches Gehirn für eine Prozedur zu trainieren, wie sie für das Addieren von Brüchen erforderlich ist:

Zunächst multipliziere man die Zahlen unter dem Bruchstrich miteinander, die beiden Nenner. Dadurch erhält man den vorläufigen Nenner der Lösungszahl, den Hauptnenner. Dann multipliziere man die Zahl auf dem Bruchstrich des ersten

Bruches, den Zähler, mit dem Nenner des zweiten Bruchs und den Zähler des zweiten Bruchs mit dem Nenner des ersten. Die Ergebnisse dieser beiden Multiplikationen werden addiert, und die Summe bildet den vorläufigen Zähler der Lösungszahl. Dann prüfe man, ob Zähler und Nenner der vorläufigen Lösungszahl beide durch eine ganze Zahl geteilt werden können, ohne daß ein Rest übrigbleibt. Wenn ja, teile man Zähler und Nenner jeweils durch diese Zahl. Man wiederhole diese beiden letzten Schritte so lange, bis keine weitere derartige ganze Zahl mehr gefunden werden kann. Was übrigbleibt, ist das Endergebnis.

Um zum Beispiel $\frac{3}{7}$ und $\frac{4}{9}$ zu addieren, geht man folgendermaßen vor:

$$\frac{3}{7} + \frac{4}{9} = \frac{\text{irgendwas}}{7 \times 9} = \frac{(3 \times 9) + (4 \times 7)}{7 \times 9} = \frac{27 + 28}{63} = \frac{55}{63}$$

In der allgemeinen Schreibweise der Algebra sieht das so aus:

$$\frac{a}{b} + \frac{c}{d} = \frac{\text{irgendwas}}{b \times d} = \frac{(a \times d) + (c \times b)}{b \times d}$$

Wie man es auch schreibt, es sieht kompliziert aus. Aus einer symbolischen (d. h. sprachlichen) Sicht scheint das Verfahren unsinnig. Wenn man rein auf der Ebene der *Symbole* [der Symbole »+« und »=« ohne Berücksichtigung des Symbols »Bruchstrich«, s. o.] argumentiert, sähe die Regel auf den ersten Blick so aus:

$$\frac{a}{b} + \frac{c}{d} = \frac{a + c}{b + d}$$

Das ist aber rechnerisch falsch. Dennoch können die meisten Leute mit genug Übung die richtige Regel trotz aller Komplexität lernen. Die Evolution hat uns mit einem Gehirn ausgestattet, das ziemlich gut ist im Lernen von bestimmten Handlungssequenzen. Aber wenn Ihnen niemand sagt, warum jeder einzelne Schritt genau so durchgeführt werden muß – Ihnen also erklärt, was die Gleichung, die durch die Symbole dargestellt ist, wirklich bedeutet –, bleibt jeder Rechenschritt ein sinnloses Kauderwelsch. Natürlich lernen auch viele Kinder die oben erwähnte Regel wie eine Zauberformel auswendig und kriegen eine Eins. Aber weil sie nie verstanden haben, was sie da überhaupt tun, vergessen sie das Ganze sofort nach der Prüfung wieder und verlassen die Schule, ohne Brüche addieren zu können. Wenn sie allerdings verstanden hätten, worum es geht, würden sie das Verfahren nie wieder vergessen.

Ein anderes Beispiel dafür, welche Probleme auftreten, wenn man blindlings schematische Regeln anwendet, ohne Symbole in Verbindung mit den Zahlen zu bringen, für die sie stehen, liefern Scherzfragen, wie man sie in Rätselheften findet, zum Beispiel:

- Ein Bauer hat 12 Kühe. Alle bis auf 5 sterben. Wie viele bleiben übrig?
- Tony hat 5 Bälle, 3 weniger als Sally. Wie viele Bälle hat Sally?

Viele intelligente Menschen beantworten eine oder beide Fragen falsch. Grund dafür ist eine Vermischung von zwei Mustern, eines aus dem Bereich der Alltagssprache, eines aus der Welt der numerischen Symbole.

Wenn man die beiden Zahlen 12 und 5 in Zusammenhang mit der Frage »Wie viele bleiben übrig?« vor sich hat, interpretiert man diese Kombination leicht als die Aufgabe, die Subtraktion 12 – 5 durchzuführen. Daher antworten viele: »Sieben!«. Die richtige Antwort lautet aber »Fünf«. Doch um diese richtige Antwort zu finden, müssen Sie darüber nachdenken, worum es in der Frage eigentlich geht. Es funktioniert zwar *manchmal*, sich gleich auf die Ebene der Symbole zu begeben, aber in diesem Fall eben nicht. Und auch sonst ist diese Strategie nicht empfehlenswert.

Ähnlich bei dem zweiten Problem. Sie sehen die Zahlen 5 und 3 zusammen mit dem Wort »weniger«, und schon ist die Versuchung groß, die Subtraktion 5 − 3 durchzuführen und als Antwort »2« anzugeben. Schon wieder hat ein allzu schneller Übergang auf die Ebene der Symbole zur falschen Antwort geführt. Wenn Sie erst einmal überlegen, um was es in der Aufgabe überhaupt geht, wird Ihnen klar, daß sie 5 und 3 *addieren* sollen. Die richtige Antwort lautet also, daß Sally 5 + 3 = 8 Bälle hat. Tony hat 3 weniger als Sallys 8, das heißt, Tony hat 5 Bälle, und das stand ja auch in der Aufgabe.

Auch hier müssen wir einen Preis dafür zahlen, daß wir nur unter Verwendung unseres Sprachvermögens mit Zahlen umgehen können, und sei dies auch sonst noch so nützlich. Nur wenn wir erhebliche Anstrengungen unternehmen, die symbolischen und sprachlichen Muster zu durchschauen und zu den Zahlen vorzudringen, die durch die Symbole dargestellt werden, können wir die natürliche Fähigkeit unseres Gehirns, mit Sprache und Mustern umzugehen, auch beim Rechnen nutzen.

Wenn wir gerade über die Muster von Sprache reden, lassen Sie mich von einem Freund erzählen, der sprachliche Muster für spektakuläre Auftritte nutzt. Arthur Benjamin ist Mathematiker und beherrscht erstaunliche Kopfrechentricks. Er tritt damit sogar öffentlich auf. Dabei führt er im Kopf schwierige Rechnungen mit Zahlen durch, die ihm Personen aus dem Publikum zurufen.

Vor ein paar Jahren wurde ich einmal bei einem Mittagessen Zeuge von Benjamins arithmetischen Fähigkeiten. Kurz vor

Beginn seiner Vorstellung bat er den Veranstalter, die Klimaanlage abzustellen. Während wir darauf warteten, daß jemand gefunden wurde, der den Schlüssel zum Kontrollraum hatte, erklärte mir Benjamin, daß das Summen der Klimaanlage ihn bei seinen Berechnungen störe. »Ich sage die Zahlen im Kopf auf und speichere sie während des Rechnens«, meinte er. »Ich muß sie hören können, sonst vergesse ich sie. Manche Geräusche können dabei stören.« Anders ausgedrückt, eines der »Geheimnisse« von Benjamin als menschliche Rechenmaschine ist sein hocheffizienter Gebrauch von sprachlichen Mustern – dem Klang von Zahlen, den er im Kopf hat.

Obwohl nur wenige von uns mit Benjamin beim Wurzelziehen aus sechsstelligen Zahlen mithalten können, sind doch auch für uns sprachliche Muster zur Verarbeitung von Zahlen wichtig. Zu den Geheimnissen, wie man »gut mit Zahlen zurechtzukommt«, gehört, zu lernen, wie wir unsere sprachlichen Fähigkeiten zu unserem Vorteil beim Rechnen ausnutzen können, anstatt uns wie so oft durch sie in Schwierigkeiten bringen zu lassen.

Außerdem können wir von diesen Schnellrechnern lernen, daß es für sie sehr wichtig ist, den Zahlen eine Bedeutung zu geben. Wenn die meisten von uns, selbst die, die gut mit Zahlen zurechtkommen, eine Zahl wie 587 sehen, dann *bedeutet* sie nichts Besonderes – es ist eben eine Zahl. Aber für einen Rechenkünstler kann diese Zahl durchaus eine Bedeutung haben – etwa ein bestimmtes Bild im Gedächtnis aufrufen –, ebenso wie die Buchstabenfolge »K-a-t-z-e« für uns eine Bedeutung hat und ein bestimmtes Bild im Kopf erzeugt.

Einige Zahlen haben für uns alle eine besondere Bedeutung. Für Amerikaner sind die Zahlen 1492 und 1776 bedeutsam – als Jahreszahlen der Entdeckung Amerikas durch Kolumbus und der amerikanischen Unabhängigkeitserklärung. Für Engländer steht die Zahl 1066 für die Schlacht von Hastings, und jeder mit einer technischen Ausbildung erkennt in der Zahl 314159 die ersten Ziffern der Kreiszahl π. Andere Zahlen, die für uns eine Bedeutung haben und die wir uns daher merken, sind PIN-Code, Bankleitzahl, Auto- oder Kontonummer, unser Geburtsdatum oder unsere Telefon- und Handynummern.

Für einen Rechenkünstler dagegen haben viele Zahlen eine Bedeutung. Diese Bedeutung liegt überwiegend nicht in der Alltagswelt von Daten und Kontonummern, sondern in der Welt der Mathematik selbst. Wim Klein, ein berühmter Schnellrechner, der als Berufsbezeichnung vor der Zeit der Elektronenrechner *computer* (von *to compute*, engl. »rechnen«) angab, erklärte einmal: »Zahlen sind meine guten Freunde.« Zur Zahl 3844 meinte er: »Für euch ist es bloß eine Drei, eine Acht und zwei Vieren. Aber ich sage: ›Hallo, da ist ja die 62 zum Quadrat!‹«

Da Zahlen für Klein und andere Schnellrechner eine Bedeutung haben, hat auch das Rechnen für sie etwas Bedeutsames. Deswegen können sie es auch soviel besser. Tatsächlich scheint es so zu sein, daß unter den richtigen Umständen – insbesondere in einem Kontext, in dem Zahlen eine Bedeutung haben – jeder von uns ein solcher Rechenkünstler werden könnte.

Sie glauben mir nicht? Lassen Sie mich ein paar Argumente liefern. Zu Beginn des 20. Jahrhunderts befragte der französische Psychologe Alfred Binet, der 1905 den ersten Intelligenztest entwarf und durchführte, zwei Schnellrechner, die damit ihren Lebensunterhalt verdienten. Wie gerade gesehen, bestand ihr »Geheimnis« teilweise darin, daß Zahlen eine Bedeutung für sie hatten. Binet wollte herausfinden, wie gut diese beiden im Vergleich mit einer Gruppe anderer Menschen waren, für die Zahlen ebenfalls eine große Bedeutung hatten – Ladenkassierer. Damals gab es natürlich noch keine elektronischen Registrierkassen.

Binet organisierte einen Rechenwettbewerb zwischen den beiden professionellen Schnellrechnern und vier Kassierern des Pariser Kaufhauses Bon Marché. Das Ergebnis? Bei den Grundrechenarten schnitten die Kassierer deutlich besser ab als die Schnellrechner. Zum Berechnen des Produkts 638 × 832 brauchte der bessere der beiden Schnellrechner 6,4 Sekunden, während der beste Kassierer die Antwort schon in vier Sekunden gefunden hatte. Bei der Berechnung von 7286×5397 brauchte der bessere Schnellrechner 21 Sekunden, der beste Kassierer dagegen nur 13 Sekunden.

12 Auf der Suche nach dem verlorenen Sinn der Mathematik

Die Geschicklichkeit der brasilianischen Straßenhändlerkinder im Umgang mit Zahlen (Kapitel 10) zeigt, daß sie eine beträchtliche Vertrautheit mit Zahlen entwickelt haben. Um ihre Rechnungen zu vereinfachen, nutzten sie bestimmte Eigenschaften der Zahlen, mit denen sie zu tun hatten. Ihre Standardmethode bestand darin, eine Möglichkeit zu finden, wie sie ihr Problem in eine Aufgabe umwandeln konnten, die mit Zahlen und Rechenvorgängen zu tun hatte, die sie verstehen und lösen konnten. Manchmal gehörte dazu, Zahlen auf- oder abzurunden, um einfacher rechnen zu können, und dann zurückzugehen und in ihrem Ergebnis die Rundung wieder auszugleichen. In anderen Fällen teilten sie die eigentliche Aufgabe in zwei oder mehr Zwischenaufgaben auf. Diese Methoden hatten sie in der Schule nie gelernt – ganz im Gegenteil, ihre Straßenmathematik unterschied sich sehr von der Schulmathematik. Weil die Kinder in der Untersuchung – und auch in anderen Studien, die Nunez und ihre Kollegen sowie weitere Forscher durchgeführt haben – in Straßenmathematik sehr viel besser als in Schulmathematik abschnitten, stehen wir vor einem Rätsel: Woher kommt dieser große Unterschied? Deshalb lautet unsere nächste Frage: Was sind die entscheidenden Merkmale, die Straßenmathematik funktionieren lassen, obwohl die Schulmathematik versagt?

In vielerlei Hinsicht ist das die Schlüsselfrage unserer Untersuchung. Es ist sicherlich faszinierend, etwas über all diese unglaublichen Dinge zu erfahren, die Tiere mit Hilfe ihrer angeborenen, natürlichen mathematischen Fähigkeiten tun können; und es ist erstaunlich, welche Herausforderungen all dies für menschliche Mathematiker, Wissenschaftler und Ingenieure darstellt. Letztendlich geht es aber doch darum, etwas mit diesem neuen Wissen anzufangen. Kann uns die Mathematik der Natur oder die Straßenmathematik aus Recife etwas bieten, mit dem wir unseren eigenen Mathematikunterricht, unser Lehren und Lernen, verbessern können?

Nach meiner Überzeugung ist es ein entscheidender Faktor für die brasilianischen Straßenhändler, daß für die Kinder bei den Berechnungen an den Marktständen sowohl die Zahlen als auch die Rechenvorgänge etwas *bedeuten* und einen *Sinn haben*. Die Kinder waren sogar buchstäblich umgeben von den konkreten Bedeutungen ihrer Rechenvorgänge.

Im Gegensatz zur Straßenmathematik besteht eine Haupteigenschaft der Schulmathematik darin, daß sie ausschließlich mit *Symbolen* hantiert. Wenn man die Standard-Schulrechenvorschriften für Addition, Subtraktion, Multiplikation oder Division durchführt, dann tut man immer genau das gleiche, ganz gleich, um welche Zahlen es jeweils geht oder wofür sie stehen. Das ist der springende Punkt. Die in der Schule unterrichteten Methoden haben den Anspruch, universell gültig zu sein. Hat man sie einmal richtig gelernt, kann man sie in jeder beliebigen Situation einsetzen, egal, um welche Zahlen es dabei geht, also auch, wenn es sich um negative, sogenannte irrationale oder reelle Zahlen handelt, mit denen die Straßenmathematik nichts anfangen kann.

Für einen Menschen, der die abstrakten, symbolischen Prozeduren beherrscht, wie sie in der Schule gelehrt werden, sind diese außerordentlich wertvoll. Tatsächlich gehören sie zu den Grundlagen all unserer Wissenschaft, Technologie und modernen Medizin, ja, praktisch aller sonstiger Aspekte des modernen Lebens. Es war eine der herausragenden Errungenschaften der Menschheit, sie zu entwickeln. Doch dadurch wird es nicht leichter, sie zu lernen oder anzuwenden.

Das Problem hierbei ist, daß der Mensch immer nach Bedeutungen sucht. Tatsächlich hat sich das menschliche Gehirn als ein Instrument zur Suche von Bedeutung entwickelt. Immer und überall suchen und finden wir Bedeutung. Ein Computer kann programmiert werden, sklavisch Regeln zur Verarbeitung von Symbolen zu befolgen, ohne zu verstehen, was diese Symbole bedeuten, bis wir ihm befehlen aufzuhören. Aber Menschen funktionieren nicht so. Mit erheblicher Anstrengung lernen wir das kleine Einmaleins und üben einige wenige Rechenmethoden. Entscheidend ist unsere Suche nach Bedeutung. Ich bin überzeugt, um die Schulmathematik wirklich zu beherrschen, muß man zumindest für sich selbst irgendeine Bedeutung finden, die die abstrakten Zahlen und Prozeduren haben könnten. Denn das menschliche Gehirn, so nehme ich an, kann gar keine vollkommen sinnlosen Dinge tun.

Da aber die in der Schule vermittelten Verfahren universell einsetzbar sein sollen – also für sämtliche Fälle, unabhängig von konkreten Zahlen –, muß ein Schüler, der diese Verfahren beherrschen will, als erstes lernen, sich von allen nur denkbaren konkreten Bedeutungen vollkommen zu lösen. Dann muß der Lernende, der es zur Meisterschaft bringen will, für sich selbst eine neue, abstraktere Form von Bedeutung konstruieren. Aber die Mehrzahl der Schüler kommt gar nicht erst so weit. Sie kämpfen vielmehr ihre ganze Schulzeit über damit, scheinbar sinnlose Abfolgen von sinnlosen Verfahren auf sinnlose Symbole anzuwenden – mit dem Resultat, daß die Ergebnisse ihrer Bemühungen oft ebenso sinnlos sind.

Jeder Mathelehrer kann zahllose Geschichten von Schülern erzählen, die vollkommen sinnlose Ergebnisse präsentierten: negative Zahlen für Flächen oder Volumen, negative Gewichte, Brüche für Personenzahlen, Jahresgehälter, die niedriger sind als ein Wochenlohn, und so weiter.

Erinnern Sie sich an das brasilianische Mädchen von dem Marktstand, das im Kopf korrekt den Preis von 12 Zitronen mit einem Einzelpreis von 5 Cruzeiros ausrechnete, aber bei dem Test in bezug auf die Aufgabe 12 × 5 als Ergebnis 152 nannte?

Oder die jugendliche Marktverkäuferin, die im Kopf das Wechselgeld auf einen 500 Cr$-Schein für einen Kauf von zwei Kokosnüssen zu je 40 Cr$ korrekt ausrechnete (eine Aufgabe, bei der die Subtraktion 500 − 80 = 420 erforderlich war) und dann beim Test als Antwort auf die Additionsaufgabe 420 + 80 mit »130« antwortete? (Sie addierte 8 plus 2 zu 10, nahm den Übertrag 1, addierte diesen zu 4 plus 8, erhielt so 13 und schrieb schließlich die 0 der ersten 10 noch in die Einer-Spalte.) Keines der beiden Mädchen hätte an seinem Marktstand derart absurde Antworten akzeptiert.

Ein weiteres Beispiel für die konsequente Anwendung einer falschen Rechenvorschrift stammt aus einer Untersuchung der Lernpsychologen Lauren Resnick und Wendy Ford. Ein junger Schüler einer amerikanischen Schule rechnete bei einem Test mit einfachen Additionsaufgaben folgendermaßen:

7	9	17	87	365	657	923	27.493
8	5	8	93	574	794	481	1.509
15	14	25	11	819	111	114	28.991

Die ersten drei löst er noch richtig, aber sobald beide zu addierenden Zahlen mehr als zwei Ziffern haben, geht alles gründlich daneben. Der Schüler rechnet von rechts nach links, Spalte für Spalte, wie er es in der Schule gelernt hat. Außerdem kann er einzelne Ziffern richtig zusammenzählen. Aber jedesmal, wenn in einer Spalte ein Übertrag entsteht, schreibt er *diesen* als Ergebnis unter den Strich, ignoriert den Rest und rechnet dann in der nächsten Spalte weiter. Da er ganz systematisch so vorgeht, folgt er eindeutig einer bestimmten Regel. Diese Regel befolgt er sogar jedesmal korrekt. Das Problem ist nur, daß die Regel nicht stimmt. Vermutlich hatte er beim Erlernen der richtigen Additionsregel nicht alles mitbekommen und versuchte dann, sich mit einer eigenen Version dieser Regel zu behelfen.

Dieser Schüler war zweifellos intelligent – das Besipiel zeigt, daß er konsequent und »korrekt« eine abstrakte Prozedur aus mehreren Schritten anwenden kann. Hätte er also tatsächlich das richtige Rechenverfahren verstanden, und zwar, *warum* jeder einzelne Schritt gemacht werden muß, wären ihm diese Fehler nicht passiert. Nur weil er die Rechenvorschrift als willkürliche Folge von an sich sinnlosen Regeln auffaßte, kam es schließlich zu seiner arithmetisch absurden Vorgehensweise.

Bei der Multiplikation unterlief dem Jungen ein ähnlicher Fehler – er betrachtete den Übertrag als das Ergebnis einer Spalte – sowie noch ein weiterer: Wie bei der Addition ging er streng spaltenweise von rechts nach links vor. Damit kam er bei seinen Multiplikationen zu folgenden Ergebnissen:

$$
\begin{array}{ccc}
68 & 734 & 543 \\
\times\,46 & \times\,\ 37 & \times\,206 \\
\hline
24 & 792 & 141 \\
\end{array}
$$

Abgesehen von dem Irrtum $4 \times 0 = 4$ im letzten Beispiel (ein Fehler, der vielen Leuten bei der Multiplikation mit 0 unterläuft – richtig wäre: $4 \times 0 = 0$) ist jeder Schritt des Schülers arithmetisch korrekt – *nach seiner eigenen Rechenvorschrift*. Doch auch hier ist leider die Vorschrift falsch. Um die Vorgehensweise des Schülers nachzuvollziehen, muß man sich vollkommen von jeder Bedeutung von Zahlen und Rechenvorgängen lösen.

Das Problem, daß wir selbst die »schriftlichen« Verfahren für unsere Grundrechenarten eigentlich nicht richtig verstanden haben, ist nicht auf Schulkinder beschränkt. Nunez, Schliemann und Carraher führten in Brasilien eine weitere Untersuchung durch, diesmal mit (erwachsenen) Schreinern. Die Forscher verglichen die Fähigkeiten von erfahrenen Handwerkern und angehenden Lehrlingen bei der Berechnung des Holzbedarfs für ein

Bettgestell. Alle Berufserfahrenen, die weitgehend ohne reguläre Schulbildung waren, schnitten gut ab. Bei den Lehrlingen sah das ganz anders aus, obwohl diese zwischen vier und neun Jahre lang jeden Tag Mathematikunterricht in der Schule gehabt hatten. Weil sie keine praktische Erfahrung hatten, versuchten sie es mit den einzigen Methoden zum Umgang mit Zahlen, die sie kannten: den Rechenverfahren aus der Schule. Dabei kamen abenteuerliche Ergebnisse heraus. Ein Lehrling berechnete, daß man für ein Bettgestell von 1,90 Meter Länge und 90 Zentimeter Breite einen Holzblock von 16,38 Meter Länge, 10,20 Meter Breite und 0,12 Meter Dicke brauche. Er hatte einfach die Längen, Breiten und Höhen aller Bauteile des Bettgestells addiert.

Derartig unsinnige Ergebnisse sind keineswegs auf minderbegabte oder schlecht ausgebildete Personen beschränkt. Wie ich selbst aus langjähriger Erfahrung als Mathematiklehrer für Oberstufenschüler weiß, kommen auch dort immer wieder »offensichtlich« falsche Antworten vor. Selbst Schülern, die Mathematik als Leistungskurs haben, unterlaufen solche Fehler, wenn sie blindlings mathematische Verfahren anwenden, ohne darüber nachzudenken.

Tatsache ist: Wenn ansonsten kluge, einsichtige, fähige und intelligente Menschen mit Schulmathematik zu tun bekommen, werden Vernunft und Verstand oft einfach abgeschaltet. Nicht, daß jemand, der eine aberwitzige Antwort auf eine Schul-Rechenaufgabe gibt, das nicht einsehen könnte, wenn man ihn darauf hinweist. Wenn man die gleiche Person bittet, die »gleiche« Berechnung in einem bedeutungsvollen Kontext durchzuführen, dann findet sie meist die richtige Antwort oder zumindest einen plausiblen Näherungswert. Noch besser schneiden Personen ab, wenn die Berechnung in einen Alltagszusammenhang verpackt ist und so die Verwendung von »Straßenmathematik« erlaubt – Rechenmethoden, die sie selbst in ihrer alltäglichen Berufserfahrung entwickelt haben. So wichen die brasilianischen Schüler, die Nunez und Kollegen testeten, bei 30 Prozent ihrer schriftlichen Antworten um mehr als 20 Prozent vom richtigen Ergebnis ab, während nur 4 Prozent ihrer mündlichen Antworten so stark abwichen. Bei der schriftlichen Subtraktion lagen sie bei 61 Prozent der Antworten um über 20 Prozent daneben, aber nur bei 11 Prozent der mündlichen.

Obwohl viele Methoden der Straßenmathematik anders als die Standardmethoden der Schulmathematik von den konkret auftauchenden Zahlen abhängen, besteht in manchen Fällen kaum ein Unterschied in der *Vorgehensweise* der beiden Methoden. Und doch ist der Unterschied, der durch das Fehlen einer Bedeutung in der Schulmathematik erzeugt wird, erheblich.

So kommt zum Beispiel weltweit praktisch jeder problemlos mit Geld zurecht. In den meisten Ländern gibt es zwei Währungseinheiten, wobei eine Einheit aus hundert kleineren Untereinheiten besteht. In den Vereinigten Staaten heißen diese beiden Einheiten Dollar und Cent, wobei 100 Cents gleich einem Dollar sind. Praktisch jeder Amerikaner kann schon von klein auf mühelos mit diesem System umgehen. Niemand verwechselt Dollar mit Cent, und jeder weiß, daß beispielsweise 159 Cent das gleiche ist wie 1,59 Dollar. Dabei ist der Umgang mit Dollar und Cent im Prinzip genau das gleiche wie der Umgang mit unserem indisch-arabischen Zahlensystem und mit seinen verschiedenen Stellenwerten, wobei die Position einer Ziffer in einer Zahl entscheidend ist für ihre Bedeutung und der Trick zur Beherrschung der Standardverfahren für Addition, Subtraktion und Multiplikation darin besteht, den Überblick zu behalten, welche Position jede Ziffer einnimmt. Gewiß, Schulmathematik ist manchmal etwas anspruchsvoller als das Addieren von Preisen oder das Ausrechnen von Wechselgeld, aber wie die brasilianischen Kinder zeigten, können sie bei ihren Berechnungen im Kopf Probleme erheblicher Komplexität bewältigen. Komplexität ist also nicht das Problem. Der Unterschied besteht eher darin, daß Geld etwas bedeutet, aber die Zahlensymbole der Schulmathematik nicht.

Kurz, bei Straßenmathematik geht es um sinnvolle Verfahren mit bedeutungsvollen Objekten, während es in der Schulmathematik um eine rein formale Bearbeitung von Symbolen geht, deren Bedeutung, wenn es überhaupt eine gibt, durch diese Symbole nicht vermittelt wird. Für fast jeden hat der Ausdruck »27,99 $ oder 27,99 €« eine konkrete Bedeutung, nicht jedoch »27,99«, das ist »bloß eine Zahl«.

Wie erfolgreich jemand in Schulmathematik ist, hängt wesentlich davon ab, wieviel Bedeutung er den dort verwendeten Symbolen und Verfahren beimessen kann. Schulmathematik – selbst das schriftliche Dividieren – benötigt keine komplizierteren oder komplexeren Verfahren, als man sie bei einem schlecht ausgebildeten neunjährigen Straßenverkäufer auf einem Markt in Brasilien beobachten kann. Der einzige Unterschied ist der Grad an Bedeutung, der jeweils im Spiel ist. Erkennt man den Sinn hinter dem Ganzen, ist Schulmathematik tatsächlich viel einfacher. Mit Schulmathematik braucht man nur einmal die vier Standardverfahren für Addition, Subtraktion, Multiplikation und Division zu lernen, und das ist alles. Man kann diese Verfahren dann immer wieder genauso anwenden, ganz gleich, um welche Zahlen es sich handelt. Damit ist eine solche Routine möglich, daß wir sogar Maschinen bauen können, die das für uns erledigen. Straßenmathematik dagegen erfordert ein ganzes Arsenal von Tricks und ist abhängig davon, ob man einfallsreiche Vereinfachungen findet, die von den konkreten Zahlen abhängig sind, mit denen man gerade zu tun hat. Das Problem, das die meisten Menschen mit Schulmathematik haben, ist dagegen, daß sie niemals zu diesem Stadium der Bedeutung vordringen: Für sie bleibt Mathematik immer ein bedeutungsloses Spiel mit Symbolen.

13 Wie wir unseren mathematischen Instinkt nutzen können

Ich hoffe, Ihnen ist jetzt klar geworden, daß es zwei Sorten von Mathematik gibt: Auf der einen Seite das, woran die meisten Leute denken, wenn sie das Wort »Mathematik« hören, nämlich das Fach, das man Kinder in der Schule lehrt. Ich möchte dies als *abstrakte Mathematik* bezeichnen. Und dann gibt es noch diese Form von angeborener Mathematik, die ich in den ersten Kapiteln dieses Buches beschrieben habe – und die ich *natürliche Mathematik* (oder »Mathematik der Natur«) genannt habe.

Tatsächlich sind sowohl abstrakte als auch natürliche Mathematik lediglich Formen der Mathematik. Der Unterschied besteht darin, wie sich diese Formen präsentieren. Abstrakte Mathematik hat mit Symbolen und Regeln zu tun. Um abstrakte Mathematik zu betreiben, muß man *lernen*, wofür die Symbole stehen, und *lernen*, die Regeln zu befolgen.[29] Natürliche Mathematik entsteht, nun, auf natürliche Weise. In den vorangegangenen Kapiteln haben wir mehrere verschiedene Beispiele für natürliche Mathematik kennengelernt, bei Menschen wie bei anderen Spezies.

Durch den Mechanismus der Evolution, durch natürliche Auslese, hat die Natur Lebewesen erschaffen, die ideal geeignet sind, einfach durch das, was sie tun, die natürlichen mathematischen Bewegungsberechnungen zu absolvieren. Zumindest einige Arten hat die Natur zudem mit optischen oder akustischen Systemen ausgestattet, die sie mit Hilfe natürlich ablaufender mathematischer Berechnungen des Gehirns in die Lage versetzen, die Welt dreidimensional wahrzunehmen. Mit Hilfe natürlicher Mathematik entwickelten sich bei bestimmten Tieren Haut- und Fellmuster, die das Überleben in einer feindlichen Umwelt erleichterten. Und viele Tiere verfügen über angeborene Fähigkeiten, die mit »natürlicher Mathematik« zu tun haben, um sich zu orientieren und Beute zu fangen.

Weiterhin hat die Natur einige Arten, darunter Tauben, Raben, Ratten, Löwen, Delphine, viele Affenarten wie Schimpansen und die Menschen (um nur einige aufzuzählen, bei denen dies bereits überzeugend gezeigt werden konnte), mit einer anderen natürlichen mathematischen Fähigkeit ausgestattet: einem Sinn für die Anzahl von Dingen.

Irgendwann auf diesem langen Weg der Entwicklung erwarben unsere Vorfahren noch eine weitere Fähigkeit: abstrakte Mathematik zu betreiben. Anstatt sich lediglich auf eine kleine Zahl situationsspezifischer, hochspezialisierter, angeborener mathematischer Tricks – »natürliche Mathematik« – zu verlassen wie andere Lebewesen, nutzten wir diese zusätzliche Fähigkeit zur Entwicklung von abstrakter Mathematik, die uns ein Allzweckinstrumentarium zur Lösung vieler ganz verschiedener Probleme liefert.

Wie und wann entstand diese Fähigkeit zur abstrakten Mathematik? Und welcher Zusammenhang besteht im einzelnen zwischen abstrakter und natürlicher Mathematik? Vor der Beantwortung dieser Fragen sollte ich noch erwähnen, daß die gleiche Mathematik sowohl abstrakt als auch natürlich sein kann, wie das Beispiel der jungen Markthändler in Recife zeigte. In diesem speziellen Fall ging es um einfaches Rechnen, um das Berechnen des Wechselgelds. Die Markthändler verwendeten natürliche Mathematik bei ihren Verkäufen und lernten – oder in den meisten Fällen leider auch nicht – abstrakte Mathematik in der Schule.

Wie die Menschheit zu einem mathematischen Abstraktionsgenie wurde, aber wir Normalsterblichen das Rechnen verlernten

Einer der rätselhaftesten Aspekte der menschlichen Fähigkeit zum abstrakten mathematischen Denken ist, wie unsere Vorfahren diese Fähigkeit überhaupt erwarben. Das meiste unserer heutigen abstrakten Mathematik ist mindestens 2500 bis 3000 Jahre alt, je nachdem, wo man die Grenze zur abstrakten Mathematik zieht. Die Zahlen selbst sind gerade einmal 10 000 Jahre alt. Das ist eine viel zu kurze Zeit, als daß es seitdem durch Evolution wesentliche Veränderungen des menschlichen Gehirns gegeben haben könnte. Die Evolution braucht viele hunderttausend, wenn nicht sogar Millionen Jahre. Deshalb ist auch unser Gehirn noch im wesentlichen das Gehirn der Menschen der Eisenzeit. Anders ausgedrückt: Wenn wir Mathematik betreiben, müssen wir dazu geistige Fähigkeiten nutzen, die unsere Vorfahren für andere Zwecke erwarben (genauer gesagt, Fähigkeiten, die in unseren Genpool aufgenommen wurden, weil sie sich in bestimmter Hinsicht für das Überleben unserer frühen Vorfahren als nützlich erwiesen haben), und sie für diesen neuen Zweck anpassen. Was sind diese Fähigkeiten, wann haben unsere Vorfahren sie erworben, welche Vorteile brachten sie ihnen, und wie entstand daraus die Fähigkeit zur abstrakten Mathematik?

Diese Fragen habe ich schon in meinem früheren Buch *Das Mathe-Gen*[30] beantwortet. Nach der Hypothese, die ich dort vorstellte, entstand das mathematische Denken aus einer Verschmelzung von neun grundlegenden geistigen Fähigkeiten, die sich im Verlauf der langen Entwicklung des Menschen herausbildeten. Die ganze Geschichte ist ziemlich lang und auch komplexer, als ich es hier in aller Kürze darstellen kann. Dennoch eine kurze Zusammenfassung meiner Argumente, die das einfache Rechnen mit Zahlen, die Arithmetik, betreffen.[31]

In knappen Worten ist die Hauptfunktion unseres Gehirns, unser Überleben zu sichern – zumindest so lange, bis unser Nachwuchs allein zurechtkommt. Die Fähigkeit, (in einem konkreten Zusammenhang) mit Zahlen umzugehen, war dabei allenfalls zweitrangig. Wie wir gesehen haben, besitzen auch viele andere Lebewesen einen ähnlichen Sinn für die Anzahl wie den, mit dem wir geboren werden. Damit ist es wahrscheinlich, daß ein solcher Sinn einen gewissen konkreten Überlebensvorteil vermittelt, von dem viele Arten profitiert haben. Hierfür finden sich leicht Beispiele. Wenn man etwa weiß, ob die eigene Familie, der Stamm oder die Horde einem möglichen Angreifer zahlenmäßig unterlegen ist, kann man sinnvoll entscheiden, ob man sein Revier verteidigt oder besser flüchtet. Um den Rückweg in seine Höhle zu finden, mag es sinnvoll sein zu wissen, hinter dem wievielten Hügel man nach links abbiegen muß. Und es dürfte ein beträchtlicher Vorteil sein zu wissen, welcher von drei Bäumen die meisten Früchte trägt, um diesen als ersten zu erklettern.

Für eine Spezies, die, wie unsere *Homo sapiens*-Vorfahren vor etwa 200000 Jahren, eine Sprache und eine komplexe Sozialstruktur entwickelt hat, lassen sich ebenfalls klare Vorteile finden, wenn sie den angeborenen Sinn für die Anzahl erweitert, um auch größere Mengen präzise beschreiben zu können, was uns durch Zählen gelingt. Weil aber die Zahlen und das Rechnen erst so jung sind, kann ihr Gebrauch keinen meßbaren Effekt auf die biologische Gehirnentwicklung beim Menschen gehabt haben. Die Zahlen müssen eher als Nebenprodukt einer anderen evolutiven Entwicklung entstanden sein. Wie ich im *Mathe-Gen* näher ausführte, dürfte der entscheidende Schritt, um dem menschlichen Gehirn die Erfindung von Zahlen zu ermöglichen, die Entwicklung der Sprache gewesen sein, die vor etwa 100000 Jahren stattfand.

In einem weiteren Sinn war die Entwicklung von Sprache der Schlußstein in der geistigen Entwicklung eines Gehirns, das nicht nur zum genauen Rechnen in der Lage war, sondern auch zu der gesamten übrigen willensgesteuerten, bewußten, schriftlichen Mathematik, die ich als »abstrakte Mathematik« bezeichne.

Mit »Sprache« meine ich übrigens nicht den bloßen Gebrauch einzelner Wörter, der vielleicht bereits vor 2 Millionen Jahren entstand. Vielmehr geht es mir darum, daß Sprache die Fähigkeit ist, Wörter zu sinnvollen Einheiten zusammenzufassen (die wir als Sätze bezeichnen), um damit komplexe Ideen auszudrücken. Viele Lebewesen haben ausgeklügelte Kommunikationssysteme entwickelt, und in manchen Fällen (etwa bei Delphinen) scheint es nicht unvernünftig, Teile dieser Kommunikationssignale als Wörter einzustufen. Doch ausschließlich der moderne Mensch, *Homo sapiens*, hat in diesem Sinn Sprache entwickelt.

Nach meiner Argumentation im *Mathe-Gen* entstand die Fähigkeit zur abstrakten Mathematik aus einer Verbindung von Sprache (genauer gesagt der Fähigkeit zur Sprachentwicklung) und den angeborenen, instinktiven mathematischen Fähigkeiten, über die alle Menschen verfügen und die sie zum großen Teil mit anderen Arten teilen. Wir können diesen Sachverhalt in folgende einfache Formel fassen:

Angeborene natürliche mathematische Fähigkeiten
+ Sprachfähigkeit
→ Fähigkeit zur abstrakten Mathematik

Was passiert, wenn wir abstrakte Mathematik betreiben?

Kurz nach der Veröffentlichung meines Buches *Das Mathe-Gen* brachten die Kognitionswissenschaftler George Lakoff und Rafael Nuñez ein Buch mit dem Titel *Where Mathematics Comes From* heraus.[32] Obwohl es vollkommen unabhängig von meinem Buch entstand und sich überhaupt nicht auf meine Erklärung auf der Grundlage der Evolutionstheorie bezog, kann man ihr Buch als glücklichen Zufall betrachten, weil es genau an der

Stelle ansetzt, wo meines endet. Sie beschreiben mit erheblicher Detailfülle, warum ein Gehirn, das sich für das Überleben in der realen (d. h. vor allem physischen) Welt entwickelte, über mathematische Abstraktionen nachdenken kann. Als entscheidenden Schritt machen sie dabei die Entwicklung der – wie sie es nennen – *formal metaphor* (einer Art »abstrakten Bildes«) aus, im Gegensatz zur *literary metaphor* (einem »konkreten Bild«, wie etwa das Bild eines Tisches). Darunter verstehen sie den Versuch, etwas Neues und Unvertrautes in Begriffen des Alten und Vertrauten, das man bereits verstanden hat, zu beschreiben.

So kann man etwa die positiven ganzen Zahlen, die man zum Zählen von Objekten verwendet, als Punkte entlang einer Linie auffassen, bei der man mit 0 beginnt und nach rechts weiterzählt:

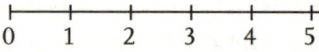

Dadurch lernt man, die positiven ganzen Zahlen in einer bereits vertrauten Begrifflichkeit zu verstehen – als eine Reihe von Objekten, die man sich eines nach dem anderen genauer anschauen kann. Nach Ansicht von Lakoff und Nuñez lernt das Gehirn, unvertraute (und vielleicht abstrakte) Konzepte dadurch zu verarbeiten, daß es bereits vorhandene »Gehirnstrukturen« mit Hilfe von *formal metaphors* kombiniert oder »kooptiert«. In diesem konkreten Fall hier erlaubt die Metapher »Punkte auf einer Linie« dem Gehirn, seine Alltagsfähigkeit, über Objekte nachdenken, die in einer Reihe stehen, zu nutzen, um so Zahlen zu verarbeiten. Die im Laufe dieses Prozesses verwendeten Metaphern müssen nicht bewußt erzeugt werden und werden es in den meisten Fällen auch nicht. Es geht vor allem darum, geistige Fähigkeiten zu nutzen, die zu einem bestimmten Zweck entstanden sind, und sie für einen anderen Zweck einzusetzen.

Verfügt man einmal über die Metapher »Punkte auf einer Linie« für die positiven ganzen Zahlen, dann kann man auch die negativen ganzen Zahlen als eine vollkommen ähnliche Reihe auffassen, die sich von rechts nach links erstreckt:

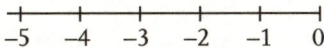

Und so weiter.

Die Theorie von Lakoff und Nuñez ist sehr plausibel, weil sie auf der Tatsache aufbaut (die im vorigen Kapitel näher ausgeführt wurde), daß sich unser Gehirn entwickelt, um Gedanken zu verarbeiten, die für uns eine Bedeutung haben, und daß das für uns Problematische der Versuch ist, mit (anfangs womöglich für uns sinnlosen) Abstraktionen zurechtzukommen – worauf uns die Evolution nicht vorbereitet hat.

Nach Lakoff und Nuñez können wir ein einfaches Bild davon skizzieren, wie sich mathematische Fähigkeiten bei einem Kind entwickeln. Als erstes lernt das Kind durch das Spiel etwas über Formen, Mengen, Anzahlen, Längen, Flächen, Volumen, Objekte in Reihen, Drehungen und so weiter. Mit seinen Fähigkeiten im Umgang mit Mengen und Anzahlen entwickelt das Kind allmählich das Konzept der Zahl. Durch den Umgang mit Zahlen kooptiert das kindliche Gehirn verschiedene Gehirnbereiche, die sich für den Umgang mit der physischen Umwelt entwickelt haben, in der es lebt. Mit immer mehr Übung (also zunehmender Vertrautheit mit dem Konzept Zahl) arbeitet diese Kombination der verschiedenen Gehirnbereiche bald als ein Ganzes. Man könnte dieses Ganze auch als »Zahlenkreislauf« oder »Zahlenzirkel« bezeichnen. In diesem Entwicklungsstadium kann nun auch der Zahlensinn für andere Funktionen kooptiert werden. Und so wiederholt sich der ganze Prozeß.

In ihrem Buch entwickeln Lakoff und Nuñez eine lange Reihe solcher Metaphern, ausgehend von einfachen Alltagsgedanken über die Welt, die uns umgibt, und weiter durch die gesamte Mathematik von der Vorschule über das Gymnasium bis hin zur höheren Mathematik an der Universität. (Die Autoren schließen mit der berühmten Eulerschen Gleichung $e^{i\pi} = -1$, sind aber der Ansicht, daß man diese Kette noch beliebig weit fortführen kann.)

Wenn diese Autoren recht haben, dann gibt es im Prinzip keine Grenze, die einen Menschen daran hindern könnte, die gesamte Mathematik zu beherrschen, die er braucht. Jeder weitere Schritt umfaßt im wesentlichen den gleichen Prozeß der Metaphern-konstruktion. Entscheidend ist, daß das Gehirn bei jedem dieser Schritte mit Konzepten zu tun hat, *die einen Sinn haben* – denn hierfür ist das menschliche Gehirn gemacht, und deshalb kann es das gut. Die Konstruktion einer neuen Metapher bedeutet, für das neue Konzept eine Bedeutung in Begrifflichkeiten bereits bekannter Konzepte zu suchen – und eine Bedeutung zu suchen ist, wie wir bereits im letzten Kapitel gesehen haben, etwas, das das Gehirn gleichsam »instinktiv« tut.

Die wichtigsten Faktoren, die diesen Prozeß begrenzen, sind die Dauer, die für die Konstruktion entsprechender Metaphern erforderlich ist, sowie der Übungsaufwand im Umgang mit dem neuen Konzept, bis das Gehirn es in sein Repertoire vertrauter und verstandener Konzepte integriert. Ersteres kann durch entsprechende Lehrmethoden beträchtlich beschleunigt werden – tatsächlich ist eine Lehrmethode in Lakoffs und Nuñez' Begriffen nichts anderes als eine Hilfe für den Schüler oder Studenten, geeignete neue Metaphern zu entwickeln. Und die Integration eines Konzepts hängt hauptsächlich davon ab, wieviel Zeit und Energie zum Üben aufgewendet werden.

Da die gesamte Metaphernkette letztlich auf ganz alltäglichen Denkprozessen aufgebaut ist, kann man den gesamten Prozeß auch als eine *Abstraktion und Formalisierung des »gesunden Menschenverstands«* bezeichnen. Die Grundthese von Lakoff und Nuñez läuft dann darauf hinaus, daß die gesamte Mathematik abstrahierter und formalisierter »gesunder Menschenverstand« ist.

An dieser Stelle stehe ich nicht allein mit der Vermutung, daß Lakoff und Nuñez ihre Argumentation ein wenig überstrapazieren, ja, daß sogar ihre ganze Argumentationskette etwa in der Mitte ihres Buches auseinanderbricht.[33] Spätestens wenn man sich mit bestimmten Bereichen der höheren Mathematik befaßt, die an Universitäten gelehrt werden, ist die Theorie nicht mehr haltbar. Denn dann wird eine hochspezialisierte Form des Denkens erforderlich, die nicht mehr als formalisierter »gesunder Menschenverstand« betrachtet werden kann. Tatsächlich sind für manche mathematischen Verfahren Denkschritte erforderlich, die diesem »gesunden Menschenverstand« geradezu widersprechen.

Doch das geht über das Ziel dieses Buches hinaus. Solange es sich um die Mathematik handelt, mit der die meisten von uns im Alltag zu tun haben, dürfte jeder der Theorie von Lakoff und Nuñez zustimmen. Mit anderen Worten, soweit es die meisten Menschen betrifft, ist abstrakte Mathematik tatsächlich nichts anders als formalisierter »gesunder Menschenverstand«. Doch dann stellt sich die Frage: Können wir einen Weg finden, unsere angeborenen mathematischen Fähigkeiten zu nutzen? Können wir unser Verhältnis zur Mathematik beeinflussen und unseren Mathe-Instinkt entfalten, wie ein Hobby- oder Profifußballer oder eine Tänzerin ihre Fähigkeiten nach und nach entwickeln?

Wie wir bereits gesehen haben, lautet die Antwort unter bestimmten Bedingungen eindeutig: Ja. So können zum Beispiel ganz gewöhnliche Menschen arithmetische Probleme lösen, die in einem Alltagszusammenhang stehen und wichtig für sie sind. Wenn es um keinen allzu großen Einsatz geht, etwa bei preisbewußten Supermarkteinkäufern, werden sie einen Weg finden, um die notwendigen Berechnungen so genau durchzuführen, wie das für sie erforderlich ist. Steht mehr auf dem Spiel und müssen Tag für Tag viele gleichartige Berechnungen angestellt werden, wie bei den Straßenhändlerkindern in Brasilien, können sie eine eindrucksvolle Fertigkeit im Umgang mit Zahlen erwerben und praktisch immer richtig rechnen. Bemerkenswert dabei ist jedoch, daß in praktisch allen Fällen diese Menschen zwar die gleiche Antwort erhalten, die sie auch mit Hilfe der in der Schule gelehrten Techniken erhalten hätten, *daß sie aber nicht so rechnen.* Was können Sie nun aber tun, wenn Sie Ihre Kenntnisse in traditioneller Schulmathematik verbessern müssen, um etwa einen Einstellungstest zu bestehen?

Last but not least – so verbessern Sie Ihre mathematischen Fähigkeiten

Wenn Sie selbst der Meinung sind, sie müßten Ihre Schulmathematik verbessern, dann möchte ich Ihnen hier ein Vierstufenprogramm empfehlen.

Der *erste* Schritt: Machen Sie sich klar, daß Mathematik etwas Natürliches ist, etwas, daß in der Natur tagtäglich vonstatten geht. (Dieses Buch sollte Sie bereits davon überzeugt haben.) Das Wissen, daß Mathematik ein Teil der Natur ist, sollte bei der Überwindung des Angstfaktors helfen, der oft mit diesem Bereich verbunden ist.

Der *zweite* Schritt besteht darin, abstrakte Mathematik (d. h. Schulmathematik) als eine formalisierte Version unserer angeborenen mathematischen Fähigkeiten zu begreifen: als formalisierter »gesunder Menschenverstand«. Wie fast überall sonst im Leben kann auch in der Mathematik die Herangehensweise entscheidend dafür sein, wie gut Sie sind.

In einem *dritten* Schritt sollten Sie sich klarmachen, warum und wozu die Methoden der Schulmathematik entwickelt wurden, was ihre Vorteile sind und warum sie teilweise so schwer zu erlernen sind. Wenn man weiß, warum etwas auf eine bestimmte Weise gemacht wird, hilft das oft, besser damit zurechtzukommen.

Um Ihnen den *vierten* Schritt zu vermitteln, bedarf es ein wenig Vorbereitung. Damit die arithmetischen (und anderen mathematischen) Standardverfahren der abstrakten Mathematik universell anwendbar sind – was ihre große Stärke ist –, müssen sie von jeglichem Kontext entkleidet und in einer abstrakten Weise vermittelt werden. Doch wie wir im vorigen Kapitel sahen, ist dies problematisch für ein Gehirn, das zur Verarbeitung von Dingen entstand, die in einem Kontext stehen und eine Bedeutung haben. Wenn das menschliche Gehirn eine Art universelle Allzweck-Rechenmaschine wäre, die am besten funktioniert, wenn man die gleichen Methoden auf alle möglichen Aufgaben anwendet, dann wäre es wirklich am effizientesten, wenn man immer nur die universellsten Methoden unterrichtete. Doch alle Hinweise – und davon gibt es jede Menge – lassen das Gegenteil vermuten. Das Gehirn scheint überhaupt nicht dafür geeignet, sich universelle Techniken anzueignen und sie dann auf Einzelfälle anzuwenden. Seine Stärke scheint vielmehr darin zu bestehen, Probleme so zu lösen, wie sie sich in der Praxis darstellen, und auf diesem Weg die notwendigen Fähigkeiten und Kenntnisse zu erwerben. Dazu gehört auch der Umgang mit Zahlen, wie wir ihn bei den Straßenhändlern in Brasilien oder dem jungen Bowlingschiedsrichter in den USA gesehen haben.

Natürlich mag es denjenigen unter uns, die abstrakte Mathematik *beherrschen* und *erkennen*, wie die im Mathematikunterricht der Schulen gelehrten allgemeinen Methoden in vielen unterschiedlichen Zusammenhängen genutzt werden können, als ineffizient *erscheinen*, daß man jedesmal »das Rad neu erfindet«, wenn man in einer neuen Situation ist, in der irgend etwas ausgerechnet werden muß. Aber in Wirklichkeit ist das alles andere als ineffizient. *Denn dieses Vorgehen entspricht der natürlichen Funktionsweise unseres Gehirns.* Denken Sie daran: Niemand mußte sich jahrelang abplagen, um dem jungen Bowlingschiedsrichter die komplizierten Berechnungen beizubringen, die er auf der Bowlingbahn mühelos beherrschte. Aber sein Lehrer Herndon kämpfte jahrelang erfolglos darum, diesem Jungen die Grundlagen der Schulmathematik beizubringen.

Wenn wir aber doch einmal einen Grund haben, uns in abstrakter Mathematik verbessern zu wollen, dann hat das menschliche Gehirn glücklicherweise eine Fähigkeit, die uns dabei helfen kann: Es ist hoch anpassungsfähig. Und damit kommen wir zum vierten und letzten Schritt meines Vierstufenplans: Übung.

Es ist einfach eine Tatsache, daß unser Gehirn und/oder unser Körper durch genügend Übung praktisch jede beliebige neue Tätigkeit erlernen kann, sei es Schwimmen, Fahrradfahren, Maschineschreiben, eine Fremdsprache sprechen und verstehen oder auch ein Gedicht auswendig lernen. Ihre Großeltern wußten das noch aus reiner Lebenserfahrung. Heute verfügen wir über wissenschaftliche Erkenntnisse, die damals noch nicht zur Verfügung standen: Der Erwerb neuer Fertigkeiten entspricht der gezielten Entwicklung (d. h. Neubildung oder Stärkung) unterschiedlichster Nervenverbindungen im Gehirn. Für den Fall des Erlernens von abstrakter Mathematik bedeutet das: Wenn die Stärke dieser neuen Nervenverbindungen früher oder später der Stärke von Verbindungen entspricht, die mit vertrauten, konkreten Objekten unserer Umwelt im Zusammenhang stehen, dann werden allmählich auch diese »neuen« Sachverhalte zu etwas Vertrautem, Bekanntem – die abstrakte Mathematik ist uns dann einfach nicht mehr fremd. Und hier haben wir den Schlüssel zum Lernen abstrakter Sachverhalte: Machen Sie sie sich so vertraut damit, daß sie Ihnen zum Greifen nahe vorkommen. Hierfür ist keine besondere Begabung erforderlich. Sie brauchen einfach nur ausreichend Übung.

Natürlich kann die Wiederholung einer Tätigkeit oder einer Folge von Tätigkeiten schnell mühsam werden, ob es nun Klavierspielen oder Brüche addieren ist. Wie schön wäre es, wenn es da einen anderen Weg gäbe! Aber den gibt es nicht. Wir Menschen müssen mit dem Gehirn auskommen, mit dem wir geboren werden und das sich mit unserer Spezies entwickelt hat. Und diesem Gehirn kann man eine neue Fähigkeit eben nur durch

Wiederholung beibringen – oder indem man ihm abstrakte Dinge »zum Greifen nahe« bringt.

Unser Wissen über die Funktionsweise des Gehirns weist darauf hin, daß es insbesondere für einen vertrauten Umgang mit Zahlen nur eine Methode gibt: So lange rechnen üben – auch mit Dezimal- und Bruchzahlen –, bis es wirklich klappt.

Es ist bloß noch nicht ganz klar, welche Bereiche der Arithmetik besonders wichtig sind, doch das kann sich auch je nach den äußeren Umständen von Person zu Person unterscheiden. Deshalb könnten auch Lehrer, die im Prinzip meiner These zustimmen, bei der Frage der Notwendigkeit, bestimmte Techniken zu unterrichten, anders denken, etwa beim schriftlichen Dividieren. Aus rein neurophysiologischer Sicht kann man sicher sagen: Je mehr, desto besser. Begrenzende Faktoren sind sicher die vorhandene Zeit und die Motivation der Lernenden. Denn man kommt auch nicht um die Tatsache herum, daß für die meisten Menschen endlos scheinende Wiederholungen des immer Gleichen schnell äußerst langweilig werden – insbesondere am Anfang, wenn man scheinbar überhaupt nicht vorwärtskommt.

Das einzige Gegenmittel gegen diese Langeweile und die Gefahr des Aufgebens, das ich kenne, besteht darin, nie das endgültige Ziel aus den Augen zu verlieren. Eine Methode hierfür ist, immer daran zu denken, wie man sich fühlen wird, wenn es endlich klappt. Denn so langweilig all dieses Üben auch sein mag, es ist wirklich eine bemerkenswerte Eigenschaft des menschlichen Gehirns, daß es sich solch ein weites Spektrum von Fertigkeiten aneignen kann. Wie wir in diesem Buch erfahren haben, sind Menschen nicht die einzigen Lebewesen, die mit bestimmten mathematischen Fähigkeiten zur Welt kommen – einem »Mathe-Instinkt«. Einige andere Spezies scheinen in der Lage zu sein, durch ständiges Wiederholen neue Fähigkeiten zu erlernen. Doch selbst bei den Hunden und Katzen, die mit uns zusammenleben, und bei evolutionsgeschichtlich so nahen Verwandten wie Schimpansen ist die Palette dieser neuen Fähigkeiten sehr klein, und es dauert bei ihnen sehr viel länger, etwas Neues zu lernen, als beim Menschen. Wir werden mit der (anscheinend) wirklich einzigartigen Fähigkeit geboren, praktisch beliebig viel Neues zu lernen. Es liegt nur an Ihnen, dieses wertvolle Geschenk zu nutzen, sooft es zu Ihrem Vorteil ist.

Anmerkungen

1 John Allen Paulos: *Innumeracy. Mathematical Illiteracy and its Consequences.* Vintage Books, New York, 1990. Dt. Ausgabe: *Zahlenblind.* Heyne-Verlag, München ²1990.

2 Keith Devlin: *The Math Gene. How Mathematical Thinking Evolved and Why Numbers Are Like Gossip.* Basic Books, New York 2000. Dt. Ausgabe: *Das Mathe-Gen – oder wie sich das mathematische Denken entwickelt und warum Sie Zahlen ruhig vergessen können.* Klett-Cotta, Stuttgart 2001 (³2002). – Dieses Buch liefert Antworten auf die Fragen: Wie und wann erwarb das menschliche Gehirn die Fähigkeit, Mathematik zu betreiben? und Welche evolutionären Vorteile brachte das unserer Spezies?

3 Yudhijit Bhattacharjee: »Fly Ball or Frisbee, Fielder and Dog Do the Same Physics.« In: *New York Times* vom 7. Januar 2003.«

4 Kenn Amdahl, Jim Loats: *Calculus for Cats.* Clearwater Publishing Company, Inc., New York 2001.

5 In diesem Buch verwende ich häufig Formulierungen wie »die Natur konstruierte«, »die Natur ist effizient« usw. Damit soll keineswegs der Eindruck erweckt werden, ich unterstellte der Natur irgendeine Absicht oder ich wolle behaupten, daß die Natur irgendeine Art von »Identität« habe. Ich nehme nur an, daß in der Natur (1.) allerhand passiert und (2.) die natürliche Selektion die Triebkraft der evolutiven Veränderungen ist.

6 Diese Frage beantworte ich in diesem Buch nicht. Ich kann auch nicht erkennen, wie man diese spezielle Frage jemals zuverlässig beantworten könnte, denn angesichts der Geschwindigkeit evolutionärer Prozesse würde es sich hier um geistige Fähigkeiten handeln, die bereits vor über einhunderttausend Jahren

verlorengangen wären, vielleicht sogar schon viel früher. Aber ich werde all die anderen Fragen beantworten und überlasse es meinen Lesern, über verlorengegangene Fähigkeiten unserer Vorfahren zu spekulieren.

7 Koppelnavigation heißt im Englischen »dead reckoning«: Diese Methode, die vor langer Zeit von den Seefahrern erfunden wurde, hieß ursprünglich »deductive reckoning«. Sie wurde oft von den britischen Seefahrern mit »ded. reckoning« abgekürzt, was letztendlich zu der falschen Schreibweise »dead reckoning« führte.

8 S. Wohlgemuth, B. Ronacher und R. Wehner. »Ant Odometry in the Third Dimension.« In: *Nature* 411, 14. Juni 2001, S. 795–798. Dieselben Autoren: »Distance Estimation in the Third Dimension in Desert Ants.« In: *Journal of Comparative Physiology A: Sensory, Neural, and Behavioral Physiology* 188 (4), 2002, S. 273–281.

9 Larry C. Boles, Kenneth J. Lohmann. »True Navigation and Magnetic Maps in Spiny Lobsters.« In: *Nature* 421, 2. Januar 2003, S. 60–63.

10 Marie Dacke, Dan-Eric Nilsson, Clarke H. Scholtz, Marcus Byrne und Eric J. Warrant. »Animal Behaviour: Insect Orientation to Polarized Moonlight.« In: *Nature* 424, 3. Juli 2003, S. 33.

11 William Cochran, Henrik Mouritsen und Martin Wiselski. »Migrating Songbirds Recalibrate Their Magnetic Compass Daily From Twilight Clues.« In: *Science* 304, 16. April 2004, S. 405 ff.

12 Steven M. Reppert u.a., *Science* 300, 23. Mai 2003, S. 1303 ff.

13 Dies wurde erstmals von Karl von Frisch erforscht und u. a. in seinem Buch *Tanzsprache und Orientierung der Bienen* (1965) beschrieben.

14 Für seine Leistungen erhielt er zusammen mit Konrad Lorenz und Nikolaas Tinbergen 1973 den Nobelpreis für Medizin.

15 H. E. Esch, J. E. Burns, *Journal of Experimental Biology* 199 (1996), 155.

16 Mandyan V. Srinivisan, Shaowu Zhang, Monika Altwein, Jürgen Tautz. »Honeybee Navigation: Nature and Calibration of the ›Odometer‹«, *Science* 287, 4. Februar 2000, 851 ff.

17 In der provisorischen Spirale nehmen die Entfernungen zwischen den einzelnen Spiralwindungen um einen konstanten Betrag zu. Damit entsteht eine Spirale, die rasch nach außen

wächst und wenige vollständige Windungen hat. Mathematiker bezeichnen eine solche Gestalt als logarithmische Spirale. Sie ist dadurch gekennzeichnet, daß der Winkel zwischen Spirale und Radialarm überall gleich ist.

18 In einer arithmetischen Spirale kreuzt eine vom Mittelpunkt ausgehende Gerade jede Windung im gleichen Abstand. Die Winkel zwischen Spirale und Radialarm nehmen um einen konstanten Faktor zu und nähern sich allmählich 90°.

19 Bei Murrays Gleichungen kommt Differentialrechnung ins Spiel. Mathematiker nennen sie partielle Differentialgleichungen.

20 Murrays Erklärung liefert auch eine Antwort auf eine andere rätselhafte Frage: Warum haben verschiedene Tierarten ein geflecktes Körperfell und einen geringelten Schwanz, aber keine einen gestreiften Körper und einen gefleckten Schwanz? Die Evolutionstheorie liefert keinen Grund für dieses kuriose Faktum. Murray bietet hier eine einfache Erklärung: Es handelt sich dabei um eine direkte Konsequenz aus der Tatsache, daß viele Embryonen einen knubbeligen, gedrungenen Körper und einen schlanken Schwanz haben, keines dagegen einen langgestreckten Körper und einen knubbeligen Schwanz.

21 Diese Geschichte wird in vielen Büchern anders nacherzählt. Die hier angeführte Version ist eine direkte Übersetzung aus dem lateinischen Original, das L. E. Sigler mit seinem Buch *Fibonacci's Liber abaci* vollständig ins Englische übersetzt und kommentiert hat. Springer Verlag (2002), S. 404.

22 Für Leser, die mit Kettenbrüchen vertraut sind, kann der Goldene Schnitt folgendermaßen formuliert werden: [1;1,1,1,...]. Diese unendliche Folge von Einsen kann man als Zeichen dafür interpretieren, daß Φ diejenige reale Zahl ist, die die wenigsten Eigenschaften eines Bruches aufweist. Auf diese Weise kann man den Grad der Irrationalität einer irrationalen Zahl bestimmen, um ihre Rolle beim Pflanzenwachstum zu untersuchen.

23 Einen guten Überblick liefert der Aufsatz »How Animals Move: An Integrative View« von Michael Dickinson, Claire Farley, Robert Full, M.A.R. Koehl, Rodger Kram und Steven Lehman, *Science* 288, 7. April 2000, S. 100–106, aus dem ich große Teile dieses Kapitels übernommen habe.

24 In dieser Darstellung übergehe ich weitgehend den Einfluß des Nerven- und des Gefäßsystems. Auch diese sind an der Funktionsweise des Skelettmuskelsystems beteiligt und machen die gesamten Bewegungsvorgänge noch weitaus komplexer als hier dargestellt.

25 Eine gute, lesbare Einführung in den derzeitigen Wissensstand über das Sehen gibt Kapitel 4 von Stephen Pinkers Buch *How the Mind Works* (W. W. Norton, 1997). Ein großer Teil dieses Kapitels beruht auf Pinkers hervorragender Darstellung, auf die ich den Leser für weitere Details verweisen möchte.

26 Brian Butterworth: *What Counts: How Every Brain Is Hardwired for Math*. The Free Press, New York 1999, 197 ff.

27 In Deutschland gibt es übrigens einen Verein, der sich für den gleichberechtigten Gebrauch der Zahlen zwanzigeins, zwanzigzwei etc. einsetzt. Dieser Verein ist der Meinung, daß die Zahlendreher, die im Deutschen notwendig sind (einundzwanzig etc.), ebenfalls stark das Rechnen-Lernen der Kinder behindern (http://www.ruhr-uni-bochum.de/zwanzigeins). (Anm. d. Ü.)

28 Arithmetisch gesehen ist es auch richtig, wenn Sie (fälschlicherweise) denken, daß es beim Addieren von Brüchen um das Addieren von Verhältnissen geht: Nehmen Sie 2 Menschen, von denen 1 eine Frau ist, und 5 Menschen, von denen 3 Frauen sind; dann ergibt das insgesamt 7 Menschen, von denen 4 Frauen sind.

29 Das soll nicht heißen, daß es in der formalen Mathematik keinen Raum für Kreativität gäbe. Die hier erwähnten Regeln geben lediglich einen Rahmen vor, innerhalb dessen sich Mathematiker bewegen müssen. Auch die erstmalige Formulierung solcher Regeln ist oft eine höchst kreative Tätigkeit.

30 Keith Devlin: *The Math Gene*. Basic Books, New York 2000. Dt. Ausgabe: *Das Mathe-Gen*. Klett-Cotta, Stuttgart 2001 (³2002).

31 *Das Mathe-Gen* beschäftigte sich vom Blickwinkel der Evolution mit der Fähigkeit, Mathematik in ihrer Gesamtheit zu betreiben. Die Arithmetik stellt ja nur einen Teilbereich der Mathematik dar.

32 George Lakoff, Rafael Nuñez: *Where Mathematics Comes From*. Basic Books, 2001

33 Die Untersuchung dessen, was man inzwischen »mathematische Kognition« nennt, steckt noch in ihren Anfängen, und es gibt erst wenig Standardwerke dazu. Einige ganz neue Forschungsergebnisse, die meine hier aufgestellten Behauptungen stützen, finden sich insbesondere in dem Aufsatz »Mathematical Thinking and Human Nature« von Uri Leron, ICME 2004.

Ein unmathematischer Dank
samt Abbildungsnachweis

Ein erheblicher Teil der Darstellung zum Sehapparat in Kapitel 8 basiert auf der hervorragenden Zusammenfassung des menschlichen Sehens in Steven Pinkers Buch *How the Mind Works* (siehe Abschnitt »Weiterführende Literatur). Steve erlaubte mir freundlicherweise die Verwendung einiger Illustrationen aus seinem Buch und stellte mir die entsprechenden Dateien zur Verfügung. Alle diese Zeichnungen stammten ursprünglich von Ilavenil Subbiah. Jedem, der mehr über das Sehen erfahren will, empfehle ich ausdrücklich Dr. Pinkers Darstellung zu diesem Thema.

Die Abbildungen 1.1, 2.1, 4.1, 4.2, 4.3, 5.3, 5.4, 6.1, 6.3, 6.4, 6.6, 7.1, 7.2, 7.3, 7.4, 8.1, und 8.8 [f] wurden eigens für dieses Buch von Simon Sullivan gezeichnet. Abbildung 5.3 stammt ursprünglich aus dem Artikel »Measuring Beelines to Food« aus der Fachzeitschrift *Science,* Bd. 287, Ausgabe 5454, S. 817 f., vom 4. Februar 2000 und konnte hier dank der freundlichen Genehmigung des Autors des Artikels, Professor Thomas Collett vom Sussex Centre for Neuroscience an der University of Sussex, England, erscheinen.

Abbildung 6.2 erschien ursprünglich als Abbildung 3.6 in *Mathematical Biology II, Spatial Models and Biomedical Applications* (Springer, New York 2003) von James D. Murray, jetzt emeritierter Professor für Angewandte Mathematik an der University of Washington, Seattle, der mir freundlicherweise die Erlaubnis zum Abdruck erteilte.

Darüber hinaus danke ich und der Verlag Klett-Cotta der Bildagentur Corbis für die freundliche Genehmigung zum Abdruck der Abbildungen 5.1 (© Grary Braasch / Corbis) und 6.5 (beide Abb. © Steve Terrill / Corbis).

Die Abbildungen 7.1, 7.2, 7.3 und 7.4 erschienen ursprünglich in dem Artikel »How Animals Move: An Integrative View« in *Science,* Bd. 288, Ausgabe 5463, S. 100–106, vom 7. April 2000 und werden hier mit freundlicher Genehmigung des Autors des Artikels, Professor Michael Dickinson vom Department of Bioengineering am Caltech (California Institute of Technology), Pasadena, verwendet.

Die Abbildungen 11.1 und 11.2 erscheinen mit freundlicher Genehmigung von Professor Denise Schmandt-Besserat vom College of Fine Arts und dem Center for Middle Eastern Studies an der University of Texas, Austin.

Ich danke meinem Agenten, Ted Weinstein, für seine Begeisterung für dieses Projekt und seine Hilfe dabei, dieses Buch in die jetzige Form zu bringen und den geeigneten Verleger zu finden. Dank auch an John Oakes von Thunder's Mouth Press – er ist dieser Verleger. John wollte dieses Buch von dem Moment an, als er es zum ersten Mal sah, und tat alles zu seiner Veröffentlichung.

Weiterführende Literatur

Zur weiteren Lektüre über Mathematik im allgemeinen auf einem ähnlichen Niveau wie das vorliegende Buch empfehle ich zwei andere meiner Bücher: *Life by the Numbers*, 1998 bei John Wiley erschienen, das offizielle Begleitbuch zur gleichnamigen sechsteiligen Serie des Fernsehsenders PBS, an der ich als Berater beteiligt war (liegt nicht auf deutsch vor), und *Mathematics: The Science of Patterns: The Search for Order in Life, Mind, and the Universe*, 1994 bei W. H. Freeman in der Reihe The Scientific American Library erschienen und auf deutsch 2002 in der Übersetzung von Immo Diener als *Muster der Mathematik* bei Spektrum Akademischer Verlag. Eine weitere erwähnenswerte Übersicht bietet der kleine Band *Nature's Numbers* von Ian Stewart, 1995 bei Basic Books erschienen, auf deutsch 2002 als *Die Zahlen der Natur* in der Übersetzung von Brigitte Post, Spektrum Akademischer Verlag.

Über die geistigen Fähigkeiten von Tieren sind zahlreiche Bücher auf dem Markt. In meinem eigenen Bücherschrank stehen davon: *Wild Minds: What Animals Really Think* von Marc Hauser, erschienen bei Henry Holt im Jahr 2000 (Deutsch von Susanne Kuhlmann-Krieg: *Wilde Intelligenz: Was Tiere wirklich denken*, Verlag C. H. Beck, 2001); *Animal Minds: Beyond Cognition to Consciousness* von Donald Griffin, veröffentlicht 1992 von der University of Chicago (überarbeitete Auflage 2001) (Deutsch von Elisabeth Walter: *Wie Tiere denken: Ein Vorstoß ins Bewußtsein der Tiere*, dtv, 1990), sowie *Apes, Language, and the Human Mind* von Sue Savage-

Rumbaugh, Stuart G. Shanker und Talbot J. Taylor, erschienen 1998 bei Oxford University Press (liegt nicht auf deutsch vor).

Eine herausragende Übersicht über große Teile der neuesten Forschungen, wie das Gehirn lernt und rechnet, bieten *The Number Sense: How the Mind Creates Mathematics* von Stanislas Dehaene, erstmals erschienen bei Oxford University Press im Jahr 1997 (Deutsch von Anita Ehlers: *Der Zahlensinn oder Warum wir rechnen können*, Birkhäuser, 1999), und *The Mathematical Brain* von Brian Butterworth, erstmals 1999 in Großbritannien bei Macmillan und dann in den USA bei Free Press unter dem Titel *What Counts: How Every Brain is Hardwired for Math* erschienen (liegt nicht auf deutsch vor).

Mein früheres Buch *The Math Gene: How Mathematical Thinking Evolved and Why Numbers Are Like Gossip*, das in diesem Buch mehrmals erwähnt wird, erschien 2000 bei Basic Books (Deutsch von Dietmar Zimmer: *Das Mathe-Gen oder Wie sich das mathematische Denken entwickelt und warum Sie Zahlen ruhig vergessen können*, 2001 [³2002] bei Klett-Cotta und 2003 als Taschenbuch bei dtv).

Eine sehr lesbare Darstellung darüber, welche Schwierigkeiten viele Menschen im Umgang mit Zahlen haben, findet sich in Allen Paulos' Bestseller *Innumeracy: Mathematical Illiteracy and Its Consequences*, erstmals 1988 bei Hill and Wang erschienen (Deutsch von Kollektiv Druck-Reif: *»Zahlenblind«: Mathematisches Analphabetentum und seine Konsequenzen*, Heyne, 1990).

Weitere Informationen zu einigen der Themen von Kapitel 6 finden sich in Mario Levys Buch *The Golden Ratio: The Story of Phi, the Extraordinary Number of Nature, Art, and Beauty*, Review-Verlag, 2002 (liegt nicht auf deutsch vor).

Wichtigste Quelle für das Material zum menschlichen Sehen in Kapitel 8 war Steven Pinkers Buch *How the Mind Works*, erstmals 1997 erschienen bei W. W. Norton & Co. (Deutsch von Martina Wiese und Sebastian Vogel: *Wie das Denken im Kopf entsteht*, Kindler-Verlag, 2002).

Ein Großteil des Materials über die Straßenmathematik (Kapitel 10) stammt aus dem Buch *Street Mathematics and School Mathematics* von Terezinha Nunes, Analucia Dias Schliemann und David William Carraher, 1993 bei Cambridge University Press erschienen (liegt nicht auf deutsch vor). Dieses Buch richtet sich eher an Lehrerinnen und Lehrer als an ein allgemeines Publikum.

Das in Kapitel 13 erwähnte Buch *Where Mathematics Comes From: How the Embodied Mind Brings Mathematics into Being* von George Lakoff und Rafael Nuñez, das man als Fortsetzungsband von *Das Mathe-Gen* ansehen könnte (obwohl es nicht als solches geschrieben wurde), erschien erstmals 2000 bei Basic Books (liegt nicht auf deutsch vor).

Anmerkungen

Keith Devlin:
Das Mathe-Gen
Oder wie sich das mathematische Denken entwickelt und warum Sie
Zahlen ruhig vergessen können
Aus dem Amerikanischen von Dietmar Zimmer
373 Seiten, gebunden, ISBN 3-608-94320-X

Gibt es ein mathematisches Gen? Warum können bestimmte
Menschen Mathematik und andere angeblich überhaupt nicht?
Kann man Mathematik lernen oder nicht?
Man kann durchaus über Mathematik schreiben, ohne damit
99,9 Prozent der Menschheit zu quälen. Dies beweist Keith Devlin
kurzweilig, spannend, witzig und vor allem einfühlsam, denn er
erweist sich als Therapeut für alle Mathematiktraumatisierten
von 8 bis 108 Jahre. Der Autor entführt seine Leser in das Reich
der Mathematik und löst die kühne Behauptung ein, er sei noch
niemandem begegnet, der sich nicht für Mathematik interessiert
hätte – nach der Lektüre seines Buches, versteht sich.

»An vergnüglichen Beispielsfällen belegt der US-Wissenschaftler,
wie verwandt mathematisches Denken mit dem ist, was jeder
kann: sprechen.«
Der Spiegel

Klett-Cotta

Howard Gardner / Mihaly Csikszentmihalyi / William Damon:
Good Work!
Für eine neue Ethik im Beruf
Aus dem Amerikanischen von Dietmar Zimmer
440 Seiten, gebunden, ISBN 3-608-94070-7

Die drei renommierten amerikanischen Psychologen Howard Gardner,
Mihaly Csikszentmihalyi und William Damon entwerfen eine Vision
für die Arbeit im 21. Jahrhundert: Wie kann man herausragende
Leistung im Beruf mit verantwortlichem Handeln verbinden?
Die stärkste Triebfeder im Arbeitsleben ist nicht das Geld, sondern
die Selbstverpflichtung, gute Arbeit leisten zu wollen. Sogar unter
den schwierigen Bedingungen erhöhter Anforderungen kann jeder
Berufstätige verantwortungsvolle Spitzenleistungen erbringen.

Mihaly Csikszentmihalyi:
Flow im Beruf
Das Geheimnis des Glücks am Arbeitsplatz
Aus dem Amerikanischen von Ulrike Stopfel
312 Seiten, gebunden, ISBN 3-608-93532-0

Wir alle möchten ein sinnerfülltes Leben führen, nicht nur in der
Freizeit und Familie, sondern auch da, wo wir einen großen Teil
unseres Lebens verbringen: am Arbeitsplatz. Doch nichts ist so
schwierig, wie den richtigen Weg zu Glück und Zufriedenheit gerade
dort zu finden. Viele Arbeitnehmer denken, sie wären zufriedener,
könnten sie weniger arbeiten oder hätten sie nur mehr Ablenkung,
etwa Radio hören. Doch was wirklich glücklich macht, ist, die eigene
Arbeit richtig gut zu tun.

Klett-Cotta

Harold L. Klawans:
Die Höhlenfrau, die Sprache und wir
13 merkwürdige Geschichten über das menschliche Gehirn
Aus dem Amerikanischen von Friedrich Griese
255 Seiten, gebunden, ISBN 3-608-94042-1

Wie unser Gehirn arbeitet, erforscht man am besten nicht am
Gehirn Albert Einsteins. Denn das Funktionieren des menschlichen
Gehirns wird am besten beschrieben, wenn man sein
Nichtfunktionieren oder seine Störungen untersucht.
Im Verlauf der 13 verblüffenden Fälle skizziert Harold L. Klawans
nebenbei die Geschichte der Evolution des menschlichen Gehirns.
Dabei macht er klar, daß wir mit dem Neandertaler genetisch
nichts mehr gemeinsam haben. Geschichten über das Geschenk
der Sprache, über das Lesen und die Musik...

Jean-Yves & Marc Tadié:
Im Gedächtnispalast
Eine Kulturgeschichte des Denkens
Aus dem Französischen von Hainer Kober
316 Seiten, gebunden, Glossar, Literaturverzeichnis, Register,
ISBN 3-608-94294-7

Für Wissensdurstige öffnen die Brüder Tadié Schatzkammern im
Palast des Denkens. Kenntnisreich und belesen formulieren sie
eine Poetik des menschlichen Gedächtnisses: seine entscheidende
Bedeutung für die eigene Identität, seine physiologischen Grundlagen
und seine Störungen. Eingebettet in eine Kulturgeschichte des
Erinnerns von der Antike bis zur Gegenwart mit Belegen aus
Philosophie und Literatur. Der sechste Sinn des Menschen
entfaltet sich in seiner ganzen Bandbreite. So erklärt sich die
Faszination, die auf Künstler und Naturwissenschaftler von den
Themen Erinnerung und Vergessen von jeher ausging. Denn:
»Das Gedächtnis ist die erste Voraussetzung des Genies« (Balzac).

Klett-Cotta

Dietmar Zimmer:

Jenseits der Gene

Proteine – Schlüssel zum Verständnis des Lebens

192 Seiten, zweifarbig, mit ca. 20 Abb. und Glossar, gebunden,
ISBN 3-608-94363-3

Im Reich der Moleküle nehmen die Proteine eine herausragende
Stellung ein. Sie sind die Architekten, die Ingenieure, ja sogar die
Bauarbeiter des Lebens, die ihre Baustoffe nicht nur planen und
hervorbringen, sondern auch gleich mit sich transportieren. Ohne
Proteine gäbe es überhaupt kein Leben.

Dieses Reich der Gene, Proteine, Nukleine zu beschreiben gelingt
Dietmar Zimmer mit Hilfe einiger Fragen, die seit Jahrzehnten die
Forschung antreiben:

- Welches sind die kleinsten Bausteine des Lebens?
- Wie werden sie nach und nach enträtselt?
- Warum dauert das so lange?

Ein Buch, das jeder lesen muß, der nicht nur über Gene, sondern
auch über neuartige Impfstoffe, therapeutisches Klonen und
»novel food« mehr erfahren möchte.

Hendrik Simon:

Dyskalkulie – Kindern mit Rechenschwäche wirksam helfen

240 Seiten, ca. 20 Illustrationen, broschiert, ISBN 3-608-94147-9

In jeder Schulklasse sitzt heute mindestens ein Kind mit einer
Rechenschwäche. Wichtig ist, daß diese Störung als solche erkannt
wird und Schüler nicht als »dumm« stigmatisiert werden. Die oftmals
entmutigten Schüler müssen aus ihrer Resignation herausgeholt
werden, und man muß ihnen ihr Grundvertrauen zurückgegeben.
Der Autor zeigt mit viel Einfühlungsvermögen und Sachverstand
Wege auf, die eingeschlagen werden können. Hierbei ist
wichtig, daß auf Schuldzuweisungen an Elternhaus oder Schule
verzichtet wird und alle Beteiligten sich an den Bedürfnissen und
Besonderheiten der betroffenen Kinder orientieren.

Klett-Cotta